毛线球 35
keitodama

历久弥新的基础款毛衫编织

日本宝库社　编著　　蒋幼幼　如鱼得水　译

河南科学技术出版社
·郑州·

keitodama

目　录

★ 世界手工新闻

英国……4

加拿大……4

东京……5

编织永远的经典款毛衫……6

基础花样套头衫……8

基础款开衫、套头衫两件套……9

阿兰花样马甲……10

海扇花样套头衫……11

插肩袖廓形套头衫……12

V 字领罗纹边开衫……13

中长款连帽长外套……14

阿兰花样短外套……15

麻花花样高领套头衫……16

麻花花样 V 字领背心……17

V 字领人字花样开衫……18

中长款大 V 字领毛衣……19

麻花花样船领套头衫……20

麻花花样套头衫……21

★ 野口光的织补缝大改造……22

★ 世界手工艺纪行㉟……24

★男人编织

伊藤直孝……28

白桦编织和多米诺编织……30

白桦编织的披肩……30

多米诺编织小披肩……31

白桦编织高领斗篷……32

多米诺编织 V 字领开衫……33

多米诺编织套头衫……34

白桦编织一字领套头衫……35

白桦编织半高领套头衫……36

多米诺编织半身裙和帽子……37

白桦编织……38

多米诺编织……40

★ 为生活增添色彩的节庆编织 ⓭

享受秋天的味道……42

栗子……42

松茸……43

环形针编织的马海毛织物……44

粗线围脖和帽子……44

圆育克罗纹边套头衫……45

圆育克半高领套头衫……46

梦幻般的秋色花海盖毯……48

方形花片拼接盖毯……48

三角花片拼接盖毯……49

渐变色方形花片盖毯……49

用魔法一根针编织，简单易学！……50

镂空的三角披肩……50

直编式围脖……51

圆形花片束口袋……51

魔法一根针的使用方法……52

★ 乐享毛线……54

护腕……54

护腿……55

★ 秋冬毛线新品推荐 13……56

★ 我家的狗狗最棒！

和狗狗在一起 #33……60

★ michiyo 的四种尺码毛衫编织……62

斜门襟小开衫……63

钩编裙装和配饰……64

扇形半身裙和露指手套……64

段染裹身裙和长披肩……65

山形花样半身裙和围巾……66

流苏装饰连衣裙……67

我们最想要的男士毛衣……68

双色背心……68

拼色套头衫……69

平翻领阿兰外套……70

撞色 V 领背心……71

★ 调色板

绽放在秋日披肩上的花朵……72

志田瞳优美花样毛衫编织新编 ❼……74

★ 冈本启子的 Knit+1……76

配色花样翻领外套……77

方形花片拼接背心……77

编织机讲座……78

一字领配色背心……78

拼色立领卷边套头衫……79

花卡的制作方法……81

日本宝库社编织小组还做了这些事！……83

★ 编织师的极致编织……84

往返编织攻略……88

留针的往返编织……90

★ 毛线球快讯

时尚达人的手艺时光之旅：钩针编织和帽子针……92

编织符号真厉害……93

编织报道：线上编织展览会……94

作品的编织方法……95

英国
伦敦登场的班克斯

上/ 可爱的各种职业装扮的编织人偶 下/ 被编织物装饰的邮筒给人的心灵带来温暖

位于伦敦西南方向开车40分钟可到的萨里郡的伦敦西区，一个村庄的邮筒上经常放着匿名的手编人偶，它们受到各大媒体的关注，成为新闻热点。护士、消防员、垃圾回收员、军人等各种职业装扮的编织人偶，旨在向社会各行各业的工作人员致敬。因为编织人偶作家的名字不详，村里的人都得意地说："这是我们村的班克斯(译者注：匿名的英国涂鸦艺术家)。"

我住在距离伦敦西区开车20分钟的地方。看到这个新闻后，在城市解封后的周末，我来到那里。想找到编织人偶，只能向当地人打听。所幸我遇见一个邮递员，他告诉了我大致的位置，"大概2周以前，我在这附近看到的。现在还有没有我也不知道"，他说。我赶紧过去找，幸运的是，此时此刻邮筒上面正好有一个漂亮的编织人偶。

人偶后面还有一道彩虹，它表达着英国国民健康服务体系(NHS)对医务工作者的谢意。通过编织人偶，表达对支撑着因疫情而封锁的城市日常运转的平凡英雄的谢意。除了人偶和彩虹，还有一个写着"THANK YOU,NHS"的手编卡

片。我还在别的邮筒上找到了另一个手编人偶。

在英国，为了表示对奋战在抗疫一线的人们的谢意，每家每户的小孩都用笔画上美丽的彩虹贴在窗户上。除此之外，他们在每周四晚上8时统一外出，用鼓掌的方式致谢。道路两侧也经常看见感谢医务人员以及支持国民生活正常运转的各行各业人士的标语牌。而这里，

匿名编织作家怀着一颗温柔的心默默鼓励大家，并教会我们学会感恩。

撰稿 / 菅野纱织

加拿大
绿山墙的安妮的棒针编织床罩

上/《绿山墙的安妮》的舞台绿山墙和笔者 下/ 一顶苏格兰帽。笔者购于加拿大苏格兰民族服装店 右/ 苹果叶子花样的床罩。在蒙哥马利举行婚礼的亲戚坎贝尔家里(爱德华王子岛)

我有幸接受委托翻译日本首次全译本《绿山墙的安妮》系列小说(文春文库)。书中，林德太太制作的拼布，其实是棒针编织的。翻译到这里时，《毛线球》编辑部让我写一下棒针编织的拼布被。我非常喜欢村冈花子翻译的日文版《绿山墙的安妮》系列小说，被委托重新翻译时，我以"那是村冈老师的名作"婉拒了。但是，在阅读英语原版书时，我第一次发现村冈老师的译文中有不少省略和

改写。以前，在翻译西方长篇小说时，经常会做适当的改写，比如将书中日本人很难理解的西方器物改成别的东西。《绿山墙的安妮》中，将覆盆子汁改了草莓汁，将卡悉酒改成了葡萄酒，等等。

在小说开头，安妮的邻居林德太太制作了16件"刺子绣棉被"，它的原文是"将手织的纵线纺成的棉线用棒针编织成拼布被"。

英语中的"拼布被"，是包含拼布、

编织等工艺在内的床罩。"手织的纵线纺成的棉线"，是不同粗细的柔软白线。

作者蒙哥马利举行婚礼的亲戚家使用了棉线编织的"苹果叶子花样的床罩"，蒙哥马利自己也编织了同样的床罩，那是非常费工夫的大作。我很喜欢编织，曾经钩织了一件花片花样的床罩，而书中的林德太太竟然做了16件床罩！林德太太还送给了她一件床罩作为结婚贺礼。

加拿大是个移民国家，民族众多，安妮戴着的苏格兰民族风情的绒球帽子应该也是邻居马瑞拉或安妮自己编织的吧。

安妮生活在19世纪，那时候的衣服和家里的装饰品都是女性自己裁剪、编织的。这种手作生活，让《绿山墙的安妮》的内容显得更加丰富多彩、引人入胜。

图片 / 松本侑子(作家、翻译家)

东京
和手编融合的无观众时装展

用串珠编织的莎士比亚头像的上衣

场周边的地图设计成了编织花样,将地图设计成真人大小。大家可以一起创作,这种环境也非常重要。"

村上先生决定30%左右的设计,然后一边编织,一边将和编织者闲聊的内容运用到设计中。

"手编包含着人们的思想、感情。在现在这个时代,人们尤其追求这样的衣服。"

村上先生预见,今后的时装展等服装发布的形式、想法以及人们对服装的看法也将继续变化。不是等待回归之前的生活,而是通过时装来积极思考今后应该如何生活,来探索编织的种种可能性。

撰稿/《毛线球》编辑部
写真/Kenta Nakamura

2020年3月末,时装设计师村上亮太在东京原宿地标性商场Laforet顶楼的博物馆举行了以编织为中心的2020—2021秋冬无观众时装展。原本预计参加的东京时装周受新冠肺炎疫情影响而中止。但是,"受疫情影响,现有的社会秩序混乱,人们更加关注服装理想的样子。手编带着特有的温度,投入了宝贵的时间,凝结着纯粹的想法,这样的东西今后会变得更加重要",他决定在酒精消毒、戴口罩及警戒状态下举行一场无观众时装展。

本季时装展的主题是"美丽世界"。村上先生和《毛线球》的读者很熟悉的编织设计师冈本启子工作室K's K携手策划了这场"要首先将编织者的心情和性格反映在作品中"的面向众多编织爱好者的盛会。村上先生认为,编织不是一个庞大的主题,每个项目都应该让人感觉到它是"编织者创造出来的一个个小世界"。他展出的每件衣服都有一个故事,和本期的主题吻合。

"例如,地图花样的连体衣,它的灵感来自和一个编织爱好者无意间的交谈。他担心找不到会场,因此,我将会

串珠装饰的面罩、手套、套头衫

这是钩针编织的带有时装展会场周边街景地图的连体裤

1/ 花朵钩编的毛衫　2/ 科维昌风情毛衣　3/ 牛和天马花样的科维昌毛衣
4/ 蓬松针织毛衫和提花斗篷　5/ 具有强烈视觉冲击力的婚礼蛋糕裙

Cable Pullover
p.16

Cable Pullover
p.20

Basic × Basic

编织永远的经典款毛衫

经典的设计，经典的款式，经典的编织方法，经典的毛线和颜色……
一起编织一件无论何时都会永远热爱的经典毛衣吧。
不挑年龄，在日常生活中可以随意穿搭。

photograph Shigeki Nakashima styling Kuniko Okabe hair&make-up Hitoshi Sakaguchi
model Nancy,Henry Canal Special Thanks GLOBE SPECS

Aran Coat
p.14

Aran Jacket
p.15

Cable Pullover
p.21

Y-neck Cardigan
p.18

Ensemble Sweater &
Cardigan
p.9

Raglan Sleeve
Pullover
p.12

Aran Vest
p.10

Knit Purl
Scales Pattern
Pullover
p.11

V-neck Tunic
p.19

Y-neck
Cardigan
p.13

Cable Vest
p.17

Garnsey
Pullover
p.8

Garnsey Pullover
基础花样套头衫

用上针和下针表现花样，朴素的基础花样非常优美。落肩袖的设计很方便穿，连接衣袖部分等针直编，很解压。一起感受上针和下针营造出的阴影感吧。光滑的羊驼毛，非常亲肤，而且轻柔，穿着特别舒服。

设计 /SAICHIKA　制作 / 野波绘美子
编织方法 /104 页
使用线 / 芭贝

Ensemble Sweater &
Cardigan

基础款开衫、
套头衫两件套

用易搭配的浅褐色线编织两件套，非常漂亮。可以穿一套，也可以单穿套头衫或开衫，怎么穿都好看。取2根线编织，柔软的幼马海毛线织成的毛衫穿在身上非常舒服。

设计/玉村理惠子
制作/中奈津子
编织方法/98 页
使用线/芭贝

Aran Vest

阿兰花样马甲

紧密排列的麻花花样，提高了阿兰花样马甲的保暖性。中长款的设计可以给腰部保暖，后下摆长长的开衩方便活动。建议搭配长裙穿。

设计 /amuhibiknit 梅本美纪子
编织方法 /97 页
使用线 / 芭贝

Knit Purl Scales Pattern
Pullover

海扇花样套头衫

这是基础款的毛衫，用上针、下针编织海扇花样，若有若无的镂空花样增添了几分轻柔的感觉。虽然简单，却于细微之处见精致。经典的藏青色，是超越时代、经久不衰的颜色。虽是休闲款，看着也很高级哟。

设计／野口 光 制作／须藤晃代
编织方法／106 页
使用线／芭贝

Basic × Basic

Raglan Sleeve Pullover
插肩袖廓形套头衫

插肩袖设计方便肩部活动，穿脱很方便。用带结粒的花式纱线做上针编织，给人清爽的感觉。流行的廓形款式不挑身材，胖瘦皆宜。

设计 /SAICHIKA
制作 / 野波绘美子
编织方法 /108 页
使用线 / 手织屋

Y-neck Cardigan

V字领罗纹边开衫

原白色的纯色开衫是简洁至极的经典款式。永远不会有混乱感的下针编织给人一种神清气爽的感觉。肩部的接缝线和口袋，是细节上的亮点。经典的基础款，总是忍不住想织一件。

设计 / 兵头良之子　制作 / 矢部久美子
编织方法 /107 页
使用线 / 手织屋

Aran Coat
中长款连帽长外套

和第15页作品的花样相同，只是这一款用了连帽设计，换了一种颜色，就给人截然不同的感觉。中长款松松垮垮的感觉很适合当作一件外套穿着。

设计／风工房
编织方法／100页
使用线／手织屋

Aran Jacket
阿兰花样短外套

阿兰花样的短外套是毛衣里的经典款。这件在
线材选择和款式设计上颇为用心，虽然是基础
款却很有时尚感。这样的短外套，到了季节就
很想一直穿着。

设计/风工房
编织方法/103页
使用线/手织屋

Cable Pullover
麻花花样高领套头衫

将第17页作品的花样用在毛衣前身片中间，搭配简单的下针编织，就织成了一件基础款的高领套头衫。如果不喜欢这种紧贴着脖子的衣领，可以改成船领，或者像第17页的作品那样设计成V字领。

设计/河合真弓 制作/羽生明子
编织方法/119页
使用线/Ski毛线

Cable Vest
麻花花样V字领背心

V字领的基础款背心，细细的麻花花样紧密地
排列在一起，很引人注目。胁部编织桂花针，
看起来很雅致。隐隐约约的段染色调，给背心
增添一份神秘感。

设计/河合真弓　制作/冲田喜美子
编织方法/116页
使用线/Ski毛线

Y-neck Cardigan

V字领人字花样开衫

使用了和第19页作品相同的人字花样编织的男士开衫。
这种传统的样式，不仅适合上年纪的男性，也适合年轻
人。改变一下搭配，女性朋友穿上也毫无违和感。

设计 /yohnKa
编织方法 /112页
使用线 /内藤商事

V-neck Tunic

中长款大V字领毛衣

将细密的XO花样和人字形花样组合在一起，使用
蓬松的腈纶线编织，适合对羊毛线过敏的人。织
片的手感很像毛巾，摸着很舒服。大V字领看起来
很清爽，用紫色点缀也很醒目。

设计 /yohnKa
编织方法 /110页
使用线 /内藤商事

Cable Pullover

麻花花样船领
套头衫

将第21页的套头衫的领子改成船领，尺码
改成XL号，再换成轻柔、优质的马海毛线
和圈圈线，就编织出了这款像羽毛一样
轻柔的套头衫。手感优良，非常细腻、
亲肤，这是一件穿着体验绝佳的毛衫。

设计/风工房
编织方法/115页
使用线/NV毛线

Cable Pullover
麻花花样套头衫

这是非常经典的套头衫，等间距排列的麻花花样给人清爽利落的感觉。浅浅的领窝，线条的设计带着时尚感。编织时，选择了手感超棒的高品质毛线，让人不禁想要一直穿着。

设计 / 风工房
编织方法 / 114 页
使用线 / NV 毛线

野口光的织补缝大改造

织补缝是一种修复衣物的技法，在不断发展、完善中。

【本期话题】

秋天是为了迎接冬天而准备的

野口 光：
创立"hikaru noguchi"品牌的编织设计师。非常喜欢织补缝，还为此专门设计了独特的蘑菇形工具。新书《妙手生花：野口光的神奇衣物织补术》已由河南科学技术出版社出版。

织补前

发现的时候，外套的后方磨损了好几处……

photograph Shigeki Nakashima styling Kuniko Okabe
hair&make-up AKI model LIZA VETA

※织补方法在书中公开

这是本次使用的织补工具

秋日微凉时，开始想起今年的外套了。春天，从洗衣房拿回家之后就一直放在那里没动过，再次拿到手里时，发现它后腰部有磨损，那是帆布包造成的。平时背着帆布包，双手空空，走得很畅快，却没留意它竟然把外套磨破了。修补这种位置的磨损，要注意线材是否贴合面料，是否结实。当然，织补方法也很重要。我决定在表布和里布之间衬上一块黑布，然后用芝麻盐织补技法来加固面料。接着，用法式结粒绣绣出圆形和圆环图案。如果将来还要继续增加织补缝，圆环图案还可以起到协调的作用。秋天很适合保养冬季衣物。在换季之前，好好审视一番家里的冬季衣物，看看哪些需要修补，哪些需要扔掉，哪些需要买新的，哪些需要动手编织新的……一起制订好计划吧。

Hamanaka

一份专属冬季的体验

柔软是最温暖的一座桥，

连接起穿着者的最佳体验；

设计是最贴心的照顾，

造就出专属的绝佳搭配。

和麻纳卡真丝马海毛，

这个冬季，有你最真情的陪伴……

设计师：羽田野凉（日本）

出品：和麻纳卡(广州)贸易有限公司

地址：广东省广州市越秀区华乐路华乐大厦南塔921室

电话：020-83200489/83652870

官网：www.hamanaka.com.cn

提供图片材料包销售

阿依谢手里拿着圣约翰草（也叫贯叶连翘，土耳其语是 Sarı Kantaron），黄色的小花随着她的脚步晃动着。未铺砌的田间小路旁是一条水渠，从山上流下来的泉水在此汇成一股溪流送来阵阵清凉。阿依谢一屁股坐在水边的无花果树荫下，擦了擦脸上的汗水，说道："你看，我们就是用这种植物将羊毛线染成土黄色的。"

那是初夏的某一天，天气热得让人浑身乏力。我去拜访了一位朋友，她叫阿依谢，住在安塔利亚的科万勒克村，是一名地毯织工。当时她一只手拿着大袋子，正要出门去采集草木染材料，便邀请我一起出发了。我们顶着火辣辣的太阳走在了村外的草原上。

母女相传的织毯技艺

从土耳其的门户城市伊斯坦布尔往南约 600km 就是地中海沿岸城市安塔利亚，这里一年 365 天中有 300 天都是晴天，是一个气候温暖的城市。夏天的几个月中也不乏气温超过 40 摄氏度的日子。科万勒克村位于东西狭长的安塔利亚县北部与毗邻的布尔杜尔县的交界处，从安塔利亚中心位置坐车不到 1 个小时即可抵达。它坐落在海拔 334m 的山脚，是一个约有 1200 人口的村庄。

阿依谢在这个村里出生、成长、结婚、育儿，度过了半个世纪。她说 8 岁时就在母亲的耳濡目染下学会了编织地毯，继而开始了独立制作。

科万勒克村是距离安塔利亚中心约 40km 的一个悠闲恬静的村庄，放牧中的羊群随处可见

流传至今的游牧民族传统织物

多塞米埃尔提地毯

采访、撰文、摄影／野中几美 协助编辑／春日一枝

"父亲很早就去世了，是母亲一个人把我和妹妹拉扯大的。她白天在田间工作，晚上就在房间里编织地毯。当时村里还没有通电，幼小的我经常在编织机前拿着煤油灯为母亲照亮手头的工作。"

科万勒克村大约有 250 户家庭，大部分家庭的女性都编织过地毯。她们编织的地毯叫作"多塞米埃尔提地毯"，是用这一带包括 26 个村庄的地区名称命名的。据说这种地毯的发源地就在科万勒克村，是那些从中亚迁徙到安纳托利亚中部的科尼亚后又在这个村子里定居的游牧民族黑羊族（Karakoyunlu）开始编织的，他们又将这种织毯技艺传播到了周边的村庄。

多塞米埃尔提地毯的基本纹样

多塞米埃尔提地毯的特点在于它们的设计纹样由独特的图案组合而成，基本上分为以下 7 种纹样：①叫作"哈莱路利"（音译，下同）的纹样表示分离的意思，中间部分的图案为左右不对称设计（25 页图 A）；②叫作"达尔勒"的纹样表示树枝的意思，图案的形状就像从中间的主树干上往左右两边长出树枝的感觉（25 页图 B）；③叫作"托普勒"的大奖章纹样中间是勋章和纪念章的形状（25 页图 C）；④叫作"托普勒·特拉吉尔"的纹样则将大奖章部分换成了天平图案"特拉吉"（25 页图 D）；⑤叫作"米哈拉布"的纹样主要用在祷告毯上，代表清真寺内墙壁上朝向麦加方向的拱形圣龛（25 页图 E）；⑥这是在第 2 种"达尔勒"纹样的中间部位加入了叫作"阿克勒普"的蝎子图案（25 页图 F）；⑦叫作"科加斯勒"的纹样通常用于 4 平方米以上的大尺寸地毯，由于边框（边饰）的宽度比较大，所以特指那些在边缘部位除了

5 颗石子并排的基础图案之外还加入了其他图案的宽边地毯（25 页图 G）。

现在制作的地毯仍然以这些基本纹样为主，虽然多少会加入些编织者的个人特色，也是万变不离其宗。村里的女性们自幼看着母亲和祖母编织的地毯长大，并以这些地毯为模板制作，并没有什么机会从外界接受新鲜事物。也正因为如此，村庄的传统纹样才得以传承下来。

从剪羊毛到编织地毯的全过程

现在编织地毯的主要过程是使用商家提供的线材在织机上挂好经线，一边打结一边"编织"。不过，原本是要从羊毛线的准备工作开始的。在科万勒克村也有很多饲养绵羊的畜牧农户，每年一到 4 月前后就展开了剪羊毛的工作。将剪下的羊毛进行清洗和梳理，再纺成纱线。需要纺成 3 种纱线，第 1 种是经线，第 2 种是打结用的纬线，第 3 种是按平织要领穿在结扣之间的压线（音译为"葛底其"）。

用来打结的纬线会被染成各种各样的颜色。以前使用草木染染出红色、黄色、蓝色、绿色、深红色、黑色、白色这 7 种基础色，现在则多了卡其色、杏色、浅蓝色、土黄色、灰色等，12~15 种颜色。

地毯的编织线是用一种手工制作的"齐力曼"手纺的羊毛线

A／左右不对称设计的"哈莱路利"纹样　B／分枝图案组成的"达尔勒"纹样　C／中间是勋章形状的"托普勒"大奖章纹样　D／"托普勒·特拉吉尔"纹样将大奖章部分换成了天平图案　E／用于祷告毯中的"米哈拉布"纹样　F／与"达尔勒"类似的"阿克勒普"纹样在中间加入了蝎子图案　G／表示大面积地毯的宽边设计的"科加斯勒"纹样　H／将刚刚编织完成的地毯从编织机上取下来的阿依谢，看上去充满了自豪感　I／手指的地方是一种叫作"凯迪巴蒂希"的小猫肉垫图案

将靛蓝染液放在染缸内发酵还原可以染出藏青色、蓝色和浅蓝色。除此之外，其他染色材料全部是用村庄周边的野生植物以及自家庭院里的果树配制的。红色提取自茜草的根部，黄色提取自洋甘菊，黑色提取自矿物，绿色由蓝色和黄色混合而成。作为补色染料，还会使用石榴皮、核桃和杏仁的外壳、橄榄的叶子和枝茎等。媒染剂则使用明矾、羊屁股上的毛燃烧后的灰烬、晒干的柠檬皮，以前好像还用过牛的尿液等。

接下来就是挂经的工作，这需要家人和邻居一起帮忙完成。挂经结束后就可以进入编织过程了。

伊朗等地的地毯采用的是"单结法"，即在2根为1组的经线中只在1根经线上打结。而土耳其地毯不同，采用的是在2根经线上打结的"双结法"。从机梁上垂下来的彩色线团里取出所需数量的线，根据需要打上一排线结。打完一排线结后，按平织的技法往返穿入叫作"葛底其"的压线，然后用一种叫作"吉尔吉特"的梳理工具沿着经线敲打压紧，使编织线更加紧实，接着开始打下一排的线结。按此要领循环往复地编织，前面看似不规则的颜色排列逐渐呈现出图案。阿依谢说，不看设计制图和样本就知道哪个地方该用什么颜色打几个结，因为相同的纹样已经制作过几十件了。阿依谢在40多年的时间里就是

这样一边编织地毯，一边帮助母亲，并且把女儿和儿子都培养成了大学生。

"我既没有什么像样的学历也没有其他选择，只能靠编织地毯谋生。但是女儿还有其他的可能性。我不想让她像我一样辛苦。"

这些草木染地毯编织线，都是用村庄周边采集的植物染成的

这种情况不光出现在土耳其。传统文化的继承人问题在科万勒克村已可见一斑。

手工业和人生都要继续前行

在鼎盛时期的20世纪70~80年代，村里的很多女性都从事地毯编织工作。她们编织的地毯极受欢迎，据说还没动手编织，就有地毯商和海外的采购商迫不及待争相购买了。这是因为备受欧美人青睐的土耳其最大旅游区安塔利亚就在附近，而欧美的地毯文化又很深厚，欧美游客对地毯的需求量非常大。

世界手工艺纪行 ㉟
（土耳其共和国）

将从村里采集到的圣约翰草放进大锅里，加入媒染剂明矾一起熬煮，再将羊毛线染成土黄色

记得我第一次拜访科万勒克村是在1999年，虽然已比不上鼎盛时期，但是各家各户的屋前都放着木制编织机，一走进村子就能听到"吉尔吉特"梳理工具发出的"空——空——"的敲打声，还可以看到女性们坐在编织机前的样子。转眼21年过去了，每次去拜访都会发现织工的人数越来越少，木制编织机在屋前开始腐朽，日常坚持编织地毯的只剩下三四位50多岁的女性了。

织工减少的原因之一是土耳其人生活方式的急剧变化。本来在水泥地或铺着瓷砖的土耳其家庭里，地毯是必需品，但是，随着机器编织的现代廉价地毯的普及，费时费力的手编地毯就没有了市场。加上家装风格的变化，家里也不再需要铺满地毯，同时，准备地毯作为结婚嫁妆的家庭也越来越少了。也就是说，地毯织工们像以前一样从朋友和附近居民那里收到订单的机会急剧减少了。

另外一个影响因素是面向游客的地毯销售量在下降。经常来收购的地毯商人和外国人逐渐减少，村子失去了活力，合作社关闭了，线材的供给也中断了。村里的女性们没有销售渠道，对她们来说，不赚钱的地毯编织就失去了意义。于是，一个人、两个人，越来越多的人放弃了编织地毯。

还有一个很重要的原因，就是土耳其已经不再是廉价劳动力国家。原本地毯编织是山间乡村女性们利用农活和畜牧的闲暇时期留在家中贴补家用的副业，但是，现在女性有了学历，纷纷外出工作，都不愿意继承这份低报酬、重体力的地毯编织工作。

不过，阿依谢却这样说道："虽然我说过自己是除了编织地毯外没有其他选择才从事这份工作的，但是我也经常想，如果没有地毯编织我又会在干什么呢？正因为有了地毯，我才能赚取生活费，才能感受到人生的乐趣和喜悦。"

孩子们都各自独立了，一起生活的丈夫退休后就在橄榄地里工作，一直以来为了孩子的学费和家计编织地毯赚钱的阿依谢终于有了更多属于自己的时间。虽然已经没有必要再编织地毯了，但是她并没有停下来，编织地毯已经成为她每天必做的事情了。

阿依谢至今仍然精力充沛地坚持编织地毯。在我们不能见面的日子，她还会用刚学会操作的智能手机拍下照片或视频向我汇报近况，"今天开始编织新的地毯啦！""明天我打算从编织机上取下地毯了！"

在安塔利亚绵长夏日尚未结束的某一天，我再次拜访了阿依谢家，正赶上她要把刚刚编织好的地毯从编织机上剪下来。安塔利亚太阳的温度仿佛被直接编织进了地毯里。将脸贴近地毯深吸一口气，可以闻到淡淡的羊毛味道，仿佛一瞬间回到了采摘圣约翰草那天，初夏的草原清香在回忆中荡漾。

至少需要3个人合作的挂经工作需要家人和邻居们一起帮忙才能完成。因为直接影响地毯的编织效果，所以挂经时一定要认真细致

J／偶尔与村里的朋友们一边闲聊一边一起编织地毯。留在村里的地毯织工已经不多了，一只手就能数得过来　K／打完一排线结后，再用另外的线平织固定针目　L／阿依谢的家里铺满了自己和母亲、妹妹在过去40多年间编织的地毯

野中几美：
出生于东京都。曾就职于出版社，做过自由撰稿人，从1995年开始在土耳其安塔利亚从事基里姆花毯、地毯、针结蕾丝等手工艺品的批发，并经营着一家贸易公司"MiHRi"，还是土耳其及中亚古老手工艺品的收藏家。著作有《精巧的土耳其蕾丝编织 OYA》（诚文堂新光社出版）。此外，还在优兔（YouTube）的"ikumi nonaka"频道持续发布视频，介绍土耳其的手工业和文化、生活。

男人编织 ③⑤

photograph Bunsaku Nakagawa text Hiroko Tagaya

伊藤直孝

编织和数学的视角

（佐仓编织研究所所长）

伊藤直孝：

生于1979年，现居千叶县佐仓市。东京大学化学专业毕业后，先后在手艺店、毛线生产厂工作。现任佐仓编织研究所所长，作为编织讲师活跃在手工圈。小学时代初遇编织，大学毕业后取得手编师范资格、编织鉴定一级证书。另外持有天气预报员、危险物处置甲类等资格证书。喜爱钢琴、慢跑、昭和歌谣、古典音乐等，兴趣广泛。不擅长收拾整理，家里有280千克毛线，他就在这些毛线堆里生活。

本期的编织男人伊藤直孝是毕业于东京大学的高才生。他是学化学专业的，竟然加入了"KGB"，总感觉带着一种危险的气息……

"那个……KGB是化学部的简称（笑）。反复阅读一本书进行学习，这种'轮番讲解'的传统做法，我把它引进编织里了。"

轮番讲解编织！它的内容是……

"从那时起，我觉得编织就是数学，毛线的结构是一气呵成的。编织和绳编不同，编织的东西只要拉开线头，就可以把编好的东西一口气解开。这和'拓扑学'有异曲同工之妙。下针编织的结构也可以用它来说明。"

用数学的视角看编织，真是很新奇。

"例如，编织前的毛线，从数学上来看是一次元。通过编织，一根线变成了一个面，这就是二次元。类似坐标轴上 X 轴和 Y 轴相交，就是这个状态。而编织成毛衣等立体的东西时，它的高度就是 Z 轴，就又变成了三次元。最后，编织还要花费时间，把时间作为变量，就是四次元。所以，编织是四次元的东西。不过，从数学上来说，这种说法是否正确、严谨，我就不知道了。"

他再次深切地感受到，一根线可以编织一切，真是太了不起了。

"布需要沿着纸型裁剪，多余的边边角角得扔掉，而编织只需要一根线，不会浪费。在一根线的限定内编织出各种形状，想想就很兴奋。小时候喜欢的折纸也是如此。一张正方形的纸，可以折出各种形状的东西，这种头脑风暴很有意思。因为对数学很敏感，所以我很喜欢那些几何花样。编织时，经常考虑线条走向、编织方法、方向、高度等各种组合的无限可能性。3 年前，我在佐仓开通佐仓编织研究所博客，借以传递编织的这种乐趣。对于

伊藤先生编织了一件件不同的作品，运用了各种各样的编织花样，是一个彻底的技法派。他也非常喜欢国外的传统编织花样。下面是以前的"毛线再生工具"的一部分

1/一看见毛线就走不动了，忍不住买买买 2/用蒸汽让拆开的旧毛线重获新生。这是各种"毛线再生工具"，也叫"毛线蒸汽熨斗" 3/作为编织达人活跃的伊藤先生的技术，经过了《毛线球》编辑部的检验 4/伊藤先生详细介绍他收集的各种宝贝 5/现在正用手工染色的马海毛线编织一件毛衣 6/本次的拍摄场地是东京浅草桥的Keito。这里经常举办讲习班，伊藤先生对这里也很熟悉 7/伊藤先生正在介绍元宝针编织

不擅长理科的人，如果可以一边体验身边的数学的视角，一边接触编织，就太好了。"

从谈话内容上来看，伊藤先生似乎是个呆板的理工男，但其实他的性格很随和。从他参加考试的一个小插曲，就可以看出他的性格。

"因为爱操心，我特别担心考试的时候遇到没有复习到的题，学习时对书上的角角落落都不放过。在考试前经常肚子疼，想着必须做点什么，就想起了毛线，一眼就喜欢上了，而且特价处理很便宜，买它不会错。分量真是超级多……从货架上拿下来发现足足有280千克（笑）。"

他这种随和的性格和数学的视角，都被充分运用到编织中了。

"一直以来坚持的事情终于有成果了。编织是我坚持最久的工作。原本我的人生目标是当一名化学研究员，也很喜欢正在学习的编织艺术。编织需要遵循一定的条条框框，有人觉得很麻烦，而我却恰好觉得遵守一定的规则，按照一定的形状和编织方法来完成才更有趣。所以，今后我准备着力于传统的编织方法和编织花样，用数学的视角来研究它们。"

说着，伊藤先生向我展示了阿兰花样的帽子和使用了三四十年以前只在书上出现过一次的编织方法织成的阿富汗针编织的披肩。伊藤先生还收藏了很多以前出版的传统编织书，希望能进一步推进前人的研究，不断向前走。今后，他将从研究者的视角，继续传达编织的新乐趣。

白桦编织和
多米诺编织

外观很像竹篮的白桦编织和像连接花片的多米诺编织。
这两种编织方法，可以帮我们打开编织的新天地。

photograph Hironori Handa　styling Masayo Akutsu　hair&make-up Naoyuki Ohgimoto　model Stacy K

Basket
白桦编织的披肩

第一次接触白桦编织的人，可以先尝试一下这
款小披肩。像小鸟的羽毛一样美丽的渐变色毛
线是马海毛材质的，不用怎么费心配色，就可
以呈现出神奇的效果。每4行编织一次上针，
是富有韵律感的挑针标准。

设计/冈本真希子
编织方法/120页
使用线/芭贝

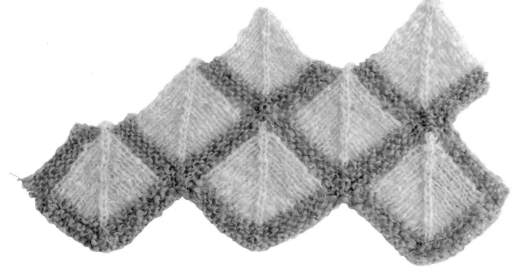

Domino
多米诺编织小披肩

中间设计了中上3针并1针的线条，花样像叶子一样，这就是多米诺编织。它和白桦编织类似，将四边形花片连接在一起而成。因为进行了配色，织片的结构一目了然。初次接触多米诺编织的人，可以尝试一下这个披肩。

设计 / 冈本真希子
编织方法 /122 页
使用线 / 芭贝

Basket
白桦编织高领斗篷

白桦编织的配色，不需要处理线头，编织起来很畅快，一列一列地编织很方便。用环形针一圈一圈地编织，很减压。交叉针把斗篷点缀得更加优雅，也是亮点之一。

设计/冈真理子
制作/内海理惠
编织方法/116页
使用线/Ski毛线

Domino
多米诺编织V字领
开衫

开衫的下摆使用多米诺编织，前、后身片连在一起编织，很适合在挑战完披肩之后尝试。掌握基本技巧后就可以动手编织了。织好后，利用锯齿状花样设计出荷叶边的感觉，就这样穿着出门吧！

设计/冈真理子
制作/水野 顺
编织方法/124页
使用线/Ski毛线

Domino
多米诺编织套头衫

多米诺编织的花片不是呈锯齿状排列，而是横向排列。等针直编的套头衫，很适合用这种新颖的编织方法来挑战，还可以充分享受到段染线的编织乐趣。

设计 / 岸 睦子
制作 / 志村真子
编织方法 /128 页
使用线 / 钻石线

Basket
白桦编织一字领
套头衫

编织技法熟练以后，为了更好地享受白桦编织的乐趣，可以尝试编织难度再上一个台阶的套头衫。整个织片都采用白桦编织的技法，一个个纵横交错的小方块看起来整齐且富有美感。

设计/兵头良之子
制作/山田加奈子
编织方法/126 页
使用线/钻石线

Basket
白桦编织半高领
套头衫

看着线材美丽的颜色，编织的时候心里也很欢喜。斜着布局白桦编织的花样，比较新颖，适合已经爱上这两种编织方法的人去尝试。继续搜寻喜欢的作品，更深刻地去探索吧！

设计/岸 睦子
编织方法/134页
使用线/DMC

Domino

多米诺编织半身裙和帽子

半身裙的下摆和帽子设计了多米诺花片，针数和行数不一样，给人的感觉也完全不一样。段染线组合锯齿状花样，非常漂亮。使用不同的线材编织，又会有全新的感觉。这一套真的很值得尝试。

设计 / 冈本真希子
编织方法 /131 页
使用线 /DMC

白桦编织

第32页的作品

一个一个地编织四边形花片，
编织成类似竹篮一样的花样。
下面介绍的是逐列换线的编织方法。
环形编织时，使用环形针会更方便。

摄影/森谷则秋

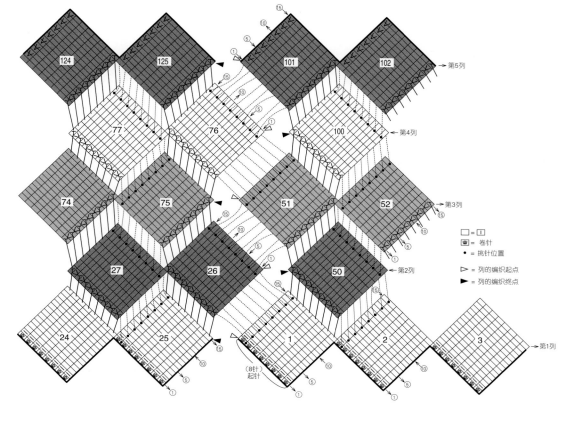

□ = 1
卷 = 卷针
• = 挑针位置
▷ = 列的编织起点
▶ = 列的编织终点

第5列
第4列
第3列
第2列
第1列

编织第1列的织块1。卷针起8针。
按照图示，左手拿线，右手拿棒针，从
后面挂线转动棒针。

完成了1针。这样的线圈很容易移位，
要用手指按住它。

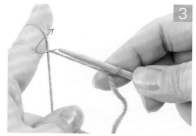

从第2针开始，按照图示拿着线，如
箭头所示插入棒针。

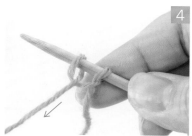

第2针完成了。图中是拉好线的样子。
沿箭头的方向将线拉紧。

8针卷针完成了。这是第1行。

换针，第2行编织上针。卷针很容易跑，
需要注意。

第3~15行编织下针。1个织块完成了。

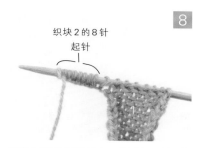

接着起针编织织块2。卷针起8针，按
照步骤6~8的方法编织至织块25。

编织至织块25后，剪线。编织好的织
块就像图中那样连在一起。

开始编织第2列的织块26。换线，将
棒针插入织块1左侧的编织行的●处
挑针。

挑了7针。

第8针按照箭头所示，将棒针插入织
块1和织块25的第1针中。

13 步骤 **12** 中针 ❶ 挂线

编织1针下针，盖住步骤**12**❶中挂在针上的线。

14

右上2针并1针完成。

15

翻到反面，开始编织第2行。第1针如箭头所示入针，编织滑针。

16

滑针完成。剩余的针目编织上针。

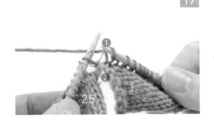

17

第3行编织下针，第8针和织块25的针目编织右上2针并1针。

18

右上2针并1针完成。这样第1列剩余的针目和第2列的行连接在了一起。

19

编织好了15行。然后按照步骤**10**~**18**的方法，编织第2列剩余的织块。

20

第2列的织块50完成了，剪线。

21

第3列的织块51从反面挑针。换线，如箭头所示从后面将棒针插入织块26挑针。

22

挑好了3针的情形。像编织上针那样挑针，边缘出现在织片前面。

23

挑好了7针的情形。第8针将棒针插入织块26。

24

和织块50的第1针用上针编织2针并1针。

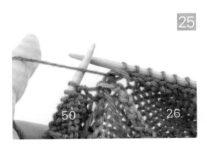

25

2针并1针完成了。

26

将织片翻到正面。第2行的第1针按照箭头所示插入，编织滑针。

27

滑针完成了。剩余的针目编织下针。

28

第3行编织上针，第8针和织块50的第2针用上针编织2针并1针。

● 第4列
按照与第2列（步骤**10**~**20**）相同的要领编织。

● 第5列
按照与第3列（步骤**21**~**31**）相同的要领编织，注意织块左端的针目编织滑针。

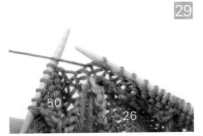

29

上针的左上2针并1针完成。

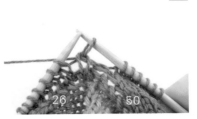

30

第4行的第1针编织滑针，剩余的针目编织下针。按照同样的方法编织连接在一起，直至第15行。

31

编织好了15行。然后按照步骤**21**~**30**的要领，编织剩余的织块。

多米诺编织

花片的排列方法很像多米诺游戏。
这里介绍最基本的一片一片完成花片的编织方法，
还有作为应用拓展，不剪线继续编织的方法。

摄影/森谷则秋

多米诺编织的基本方法
第37页作品/一片一片编织的方法

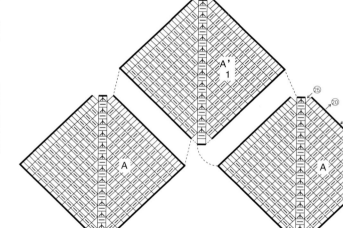

花片A'的编织方法

□ = ⊡   （25针）

编织花片A。手指起针25针。第2行两端的针目编织上针，其他编织下针。

第3行编织11针下针，然后编织中上3针并1针。首先，按照箭头所示将右棒针插入2个针目中，不编织直接移至右棒针上。

下一针编织下针。

用移至右棒针上的2针盖住刚刚编织的针目。

剩余的11针编织下针。然后偶数行不减针，奇数行在中间编织中上3针并1针。

第25行编织中上3针并1针后，剪线，将线穿入最终行的针目中收针。重复步骤 1 ~ 6，编织12片花片A。

花片A'的编织方法

编织花片A'。如箭头所示将棒针插入花片A的左侧编织行。

用新线挑13针。

挑好了13针。

将棒针插入下一片花片A的右侧编织行，挑起剩余的12针。

一共挑了25针。

然后按照花片A的编织要领，一边在中央编织中上3针并1针，一边用起伏针编织至第25行。

花片A'编织好了。剩下的花片按照步骤 7 ~ 12 的要领编织，整体编织成环形。

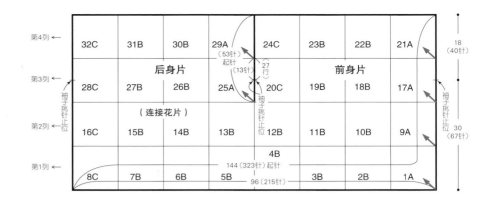

第4列 ←	32C	31B	30B	29A (53针)起针	24C	23B	22B	21A	18 (40针)
第3列 ←	28C	27B	后身片 26B	25A	20C	19B	前身片 18B	17A	
第2列 ←	16C	15B	(连接花片) 14B	13B	12B	11B	10B	9A	30 (67针)
第1列 ←	8C	7B	6B	5B 144(323针)起针 4B	3B	2B	1A	

96(215针)

多米诺编织的应用

第34页的作品／接着相邻花片编织的方法

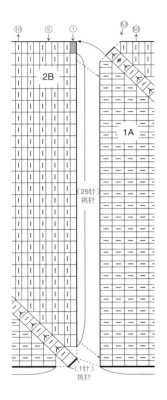

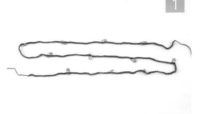

1

用编织线做锁针起针，将左前胁、前下摆、后下摆的起针连在一起共起针323针，剪线。在各个花片的编织起点处做上记号。

2

从起针的编织终点处开始，在第82针处加线，编织花片1A。共挑针53针，按照编织图编织。

3

花片2B的第1针

花片1A的第52行余下3针。剩余的3针编织中上3针并1针，作为花片2B的第1针。

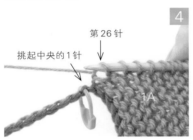

4

挑起中央的1针   第26针

接着将棒针插入花片1A的编织行的内侧半针，挑25针。中央的1针从锁针起针挑针，剩余的26针也从锁针挑针，按照编织图编织。

5

挑起花片2B的左侧26针

重复步骤3、4，编织至花片8C。花片8C的最后在第53行编织中上3针并1针，在反面将剩余的1针穿过线头，收针。

6

花片9A的中央1针

编织第2列的花片9A。从起针的编织终点处开始，在第55针处加线，从反面挑27针。第27针将成为中央的1针。然后从花片1A的编织行挑起花片9A的左侧26针。

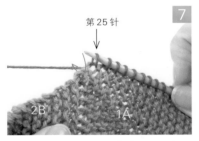

7

第25针

花片9A的左侧25针挑好了。第26针将棒针插入箭头位置挑针。

8

第26针挑好了，然后按照编织图编织。

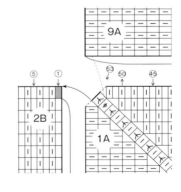

9

这是花片10B的中央部分的挑针方法。从花片9A的编织行挑26针，将棒针插入箭头位置，挑起中央1针。

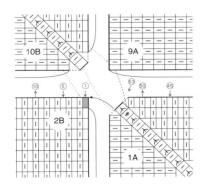

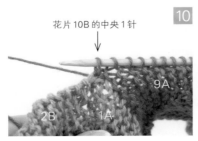

10

花片10B的中央1针

继续从花片2B的编织行挑26针。然后按照编织图编织。

11

第2列的交界如图所示。挑针时，让花片的中上3针并1针看起来像是连在了一起。

41

享受秋天的味道

贴秋膘的季节来了！半是高兴，半是愧疚，这是馈赠给美食爱好者的美味。
不断编织，编织到够吃为止。这可是零卡路里的哟。

photograph Toshikatsu Watanabe styling Terumi Inoue Special Thanks AWABEES,UTUWA

栗子

成熟的栗子是秋天味道的代表。在家里剥栗子，也
是乐趣之一。无论是外形，还是内在，每一颗栗子
都是不一样的。大家知道吗？

设计 / 松本薰
编织方法 /138 页
使用线 / 和麻纳卡

松茸

大、中、小，各种尺寸的野生菌。巧妙地组合短针和长针，再现了松茸的微妙弧度。

设计／松本薰
编织方法／138 页
使用线／和麻纳卡

松茸下面铺的绿叶是什么，你知道吗？看着不太像松针……是森林里的什么宝贝呢？其实，它是罗汉柏的叶子。它含有扁柏油酚，有杀菌作用，古代起就开始用它来保存鱼类和菌类。它的存在，让松茸看起来更有高级感。我们食用的栗子不是果实，而是它的种子。外面的毛刺是保护种子的，壳内是可食用的果肉。栗子很有季节感，实物很容易扎人，而编织出来的话就可以放心了。

环形针编织的马海毛织物

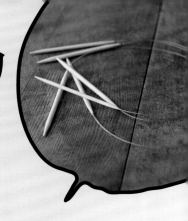

长纤维的马海毛线柔软飘逸，真想被那松软的感觉包裹着……
满心欢喜地期待编织季节的到来吧，让我们尽享一圈圈环形编织的乐趣。

photograph Hironori Handa　styling Masayo Akutsu　hair&make-up Naoyuki Ohgimoto　model Stacy K

粗线围脖和帽子

滑针的交叉花样形成一条条斜纹，成为这组粗线作品的设计亮点。一圈圈快速编织完成，搭配时尚度高，这也是秋冬季节的必备品。围脖的随性配色也非常漂亮。

设计 / 笠间 绫
编织方法 / 151页
使用线 / 可乐

圆育克罗纹边套头衫

这款作品圆育克的独特形状十分可爱。不用缝合胁部和肩部，一直看着正面编织，小水滴似的花样和减针也可以直接按照图解编织，真是让人开心。其他像马海毛一样毛茸茸、看不太清针目的线材也非常适合用来编织这款作品。

设计 / 冈本启子　制作 / 下浦香织
编织方法 / 140页
使用线 / 可乐

45

圆育克半高领套头衫

白底灰色花样可爱迷人,宛如白雪皑皑的原野上跳跃的兔子身上的绒毛。这是一款从上往下编织的圆育克毛衣,调节衣长非常方便,改编起来也很简单。

设计 / 河合真弓 制作 / 冲田喜美子
编织方法 / 143页
使用线 / 可乐

46

九色鹿

期待的毛线

精品

让我们来感受各种编织缠绕的美丽吧

// Focus on a good wool for 20 years

梦幻般的秋色
花海盖毯

photograph Shigeki Nakashima　styling Kuniko Okabe　hair&make-up Hitoshi Sakaguchi　model Nancy

暑气渐消的秋日午后，在向阳处的窗边犯困打盹儿的片刻是最幸福的休闲时光。扑鼻的芳香莫不是因为进入了五彩花片的梦乡？

方形花片拼接盖毯

尽管这款盖毯使用了很多种颜色的线编织，但是丝毫没有不协调的感觉。这是因为所有花片的中心和第5圈都使用了相同的颜色，增强了整体的统一性。长针的爆米花针立体饱满，就像绚烂的雏菊花瓣。周围配上不同深浅的绿色和茶色点缀，就像叶子。色彩的搭配也是设计的一大亮点。

设计 / Hobbyra Hobbyre
编织方法 / 145页
使用线 / Hobbyra Hobbyre

三角花片拼接盖毯

三角形，特别是等边三角形是一种神奇的形状。交错排列拼接形成的边缘线也很优美。因为是用2根线合股编织，再加上多种颜色搭配使用，2种不同颜色交织的混色效果非常迷人，使狗牙针微微翘起的钩织方法也显得俏皮可爱。

设计 / Hobbyra Hobbyre
编织方法 / 147页
使用线 / Hobbyra Hobbyre

渐变色方形花片盖毯

段染线的编织乐趣有很多种，比起棒针中规中矩的编织，用钩针编织连接花片会发现更多意想不到的趣味。用粉红色渐变的段染线编织，仿佛可以梦见在开满波斯菊的原野上幸福地游玩。

设计 / Hobbyra Hobbyre
编织方法 / 149页
使用线 / Hobbyra Hobbyre

Magic Needle

用魔法一根针编织，
简单易学！

大家知道"魔法一根针"吗?它集棒针、钩针和阿富汗针的优点于一身,就像施了魔法一般!
最早是为了那些很难用棒针编织的初学者以及身体不太方便的编织者开发的。
有了魔法一根针,就可以享受轻松编织的乐趣。

photograph Hironori Handa styling Masayo Akutsu hair&make-up Naoyuki Ohgimoto model Stacy K

镂空的三角披肩

大大的镂空花样最能体现出魔法一根针编织的精妙
之处。由于针目可以穿在与针连接的绳子上,即使
宽大的织物也能像用环形针一样编织。用五彩的段
染马海毛线编织一条轻柔飘逸的披肩吧。

设计／丸山良子
编织方法／153页
使用线／芭贝

直编式围脖

用魔法一根针交替编织1行钩针花样和1行棒针花样，呈现出似是而非却又不可思议的花样。无须加减针编织，最后连接成环状即可。

设计/丸山良子
编织方法/155页
使用线/芭贝

圆形花片束口袋

从中心起针向外编织的方法与孔斯特蕾丝如出一辙，魔法一根针也可以像用钩针编织花片一样轻松上手。太神奇了！逐渐加针放大圆形花片，最后制作成了这款圆形花片束口袋。

设计/丸山良子
编织方法/153页
使用线/芭贝

51

魔法一根针的使用方法

仅用1根针就可以完成棒针、钩针和阿富汗针三种编织技法。
下面就用神奇的魔法一根针尝试编织个性十足的作品吧！

摄影/森谷则秋

镂空的三角披肩的编织方法
第50页的作品

花样的编织方法

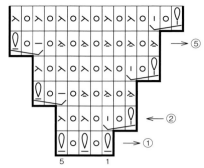

魔法一根针的组件包括1根针、2根绳子、1个夹子。使用时将绳子穿在针鼻儿里。运用棒针技法编织时，可以将针目保留在绳子上。

环形起针后开始编织。制作双重线环，用手指捏住，如箭头所示插入针将线拉出。

针头再次挂线，编织1针下针。

将线圈拉长至下针高度的2倍左右。这个针法叫作"锁针花"。

接着重复2次"挂针、锁针花"，第1行就完成了。沿箭头方向拔出针，将针目移至绳子上。

收紧线环。轻轻拉动线头，将活动的线环拉紧。

拉动线头，收紧剩下的线环。

第2行在最初的针目里编织"1针锁针花、挂针、1针下针"。

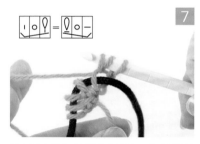

接着编织挂针和2针并1针。

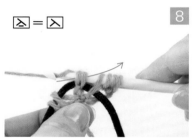

再编织1次"挂针、2针并1针"，第2行就完成了。在针上穿入1根新绳子，沿箭头方向拔出针，将针目移至绳子上。

按步骤 7 ～ 9 的要领，继续编织至第63行。因为中间针数逐渐增加，为了防止针目从绳子上脱落，可用夹子夹住绳子的末端。

边缘的编织方法

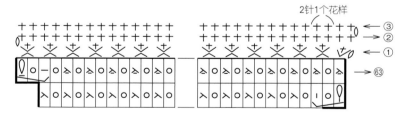

2针1个花样

在边缘编织的第1行第1针里立织1针锁针，接着编织1针短针。再次在同一个针目里插入针，增加1针短针。

接着在2个针目里一起插入针，编织短针。

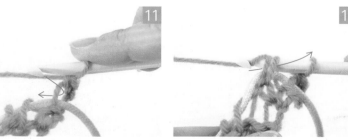

再次在相同针目里插入针编织短针。重复步骤 12、13，继续编织。

圆形花片束口袋的编织方法

第51页的作品

按与第52页相同的要领环形起针,编织8针锁针花后将针目移至绳子上。

收紧线环。轻轻拉动线头,将活动的线环拉紧。

收紧线环后的状态。第1圈就完成了。

第2圈编织短针。在第1针里插入针,立织1针锁针。

在每个锁针花里编织2针短针。

第2圈的最后在最初的短针头部引拔结束。

第3圈的第1针直接从针上的线圈里开始编织。针头挂线后拉出。

将线圈拉长至下针的2倍左右,编织锁针花。接着在每个短针里挑针编织1针。

因为这个作品是环形编织,所以编织了一定针数后,将针目移至绳子上,然后继续编织。

边缘的编织方法

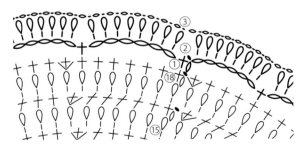

边缘编织的第1圈重复编织"1针短针、6针锁针",最后在最初的短针头部引拔结束。

边缘编织的第2圈在第1圈的锁针下方插入针(整段挑针),针头挂线后拉出。

将线圈拉长至下针的2倍左右,编织锁针花。

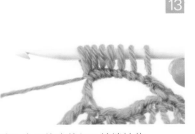

在1个网格内编织8针锁针花。

将针目移至绳子上后再在下个网格内挑针编织,这样更便于操作。

天气逐渐转凉，适合秋冬季节的小物可以准备起来了，下面为大家介绍两款可以轻松编织的小物件。

photograph Hironori Handa styling Masayo Akutsu hair&make-up Naoyuki Ohgimoto model Stacy K

Jamieson's
Shetland Spindrift

设得兰纯羊毛100% 颜色数／225 规格／每团25g 线长／105m 线的粗细／中细 使用针号／棒针3~5号

这是Keito店铺常年畅销的线材。目前，Jamieson's公司生产的所有颜色的线在该店均有销售。

护腕

因为是简单的筒状结构，所以这款作品也很适合初次尝试环形编织的朋友。将左右手的护腕上下颠倒过来使用也非常有意思。

设计／一色 奏
编织方法／156页
使用线／Jamieson's

邮编：111-0053
地址：日本东京都台东区浅草桥3-5-4 1F
电话：03-5809-2018
传真：03-5809-2632
电子邮箱：info@keito-shop.com
营业时间：10:00~18:00
休息日：星期一（星期一为节假日时，则次日休息）

护腿

这款护腿就连纽扣也是编织的，不愧是专门为编织爱好者设计的作品。不过，缝上手头现有的木质或贝壳材质的纽扣也一定十分可爱。

设计 / 石塚真理
编织方法 /155页
使用线 / Jamieson's

在最近疫情席卷全球的状况下，"居家时间"突然增加的朋友应该也有很多吧。"编织"是让这样的"居家时间"过得更加充实的方法之一。不可思议的是，当你把注意力集中在眼前的毛线和针上时，就会变得心无旁骛，什么烦恼都被抛到了九霄云外。或许有一种暂时逃离当下、置身于另外一个时空的感觉。

本期介绍的这两款作品正好适合宅在家中"静下心来"编织，在接下来的季节里既实用又保暖。

多达225种颜色的设得兰毛线让人在选择颜色时便已经眼花缭乱（当然这也是乐趣之一）。"就选这个了！"一旦确定颜色开始编织后，却发现"跟想象的不一样"，这也是常有的事。不要气馁，再选一次颜色吧！随着手上的颜色越来越多，满意的作品也就快完成了。

这款毛线的所有颜色在Keito网上商城均有销售，请务必选择自己喜欢的配色编织试试。

Yarn Catalogue

松软的马海毛线、五颜六色的粗花呢线、精美的段染线……
本期推荐的毛线光是看着就让人心情愉悦。

photograph Toshikatsu Watanabe styling Terumi Inoue
Special Thanks AWABEES,UTUWA

Mohair100%
可乐

这款极粗马海毛线100%使用了南非产的优质
马海毛,不含合成纤维,天然环保。请使用富有
光泽和韧性的天然马海毛线享受编织的乐趣吧。
一定会编织出轻柔飘逸的作品。

参数

幼马海毛100%　颜色数/10　规格/每团40g　线长/
约80m　线的粗细/极粗　适用针号/10~12号棒针,
7/0~10/0号钩针

设计师的声音

柔和的色调与材质非常契合,加上手感柔软,很少掉
毛,非常容易编织。这是一款既赏心悦目、手感又很
舒适的毛线。(西村知子)

Mohair100%〈粗〉
可乐

这是左边马海毛线的加粗款。100%使用南非产
的优质马海毛,是一款更粗一些的马海毛线。不
含合成纤维的天然原材料非常环保,富有光泽和
韧性,使用这款粗马海毛线可以快速编织出美丽
的作品。

参数

幼马海毛100%　颜色数/10　规格/每团40g　线长/
约48m　线的粗细/粗　适用针号/15号~8mm棒针,
10/0~8mm钩针

设计师的声音

很多粗的马海毛线都以化学纤维作为芯线,但是这
款100%马海毛线更加轻柔,编织起来非常得心应
手。蓬松透气的马海毛线无疑是最轻柔保暖的。(笠
间绫)

T Honey Wool
手织屋

丰富的线结赋予了线材粗花呢般的效果,有着纯色线所没有的独特韵味。每种颜色给人带来的感觉也不一样。

参数
羊毛80%、安哥拉山羊毛20% 颜色数／42 规格／每桄65~100g 线长／约210m(100g) 线的粗细／中粗 适用针号／7~9号棒针,8/0~10/0号钩针

设计师的声音
颜色丰富,绚丽多彩。编织过程中多少有掉毛的情况,但是编织起来很顺手,作品也非常精美。
(SAICHIKA)

Wool N
手织屋

单向加捻的粗纺毛线手感特别柔软,更容易编织出整齐的针目和漂亮的作品。颜色也非常丰富,从流行的到雅致的一应俱全。

参数
羊毛100% 颜色数／42 规格／每桄90~100g 线长／约230m(100g) 线的粗细／粗 适用针号／5~6号棒针,5/0~7/0号钩针

设计师的声音
线的捻度较紧,很容易编织。针目纹理清晰美观也是这款线材讨人喜欢的一大特点。(兵头良之子)

Ski Trueno
Ski 毛线

加入闪光锦纶混纺的5色段染线散发着若隐若现的光泽，与纯色粗羊毛线结合加工成了混色竹节花式纱线，段染和纯色部分相映成趣。一共有6种富有个性的颜色，无论编织什么作品或是用什么样的编织方法，都可以非常愉快地编织。

参数
羊毛95%、锦纶5% 颜色数／6 规格／每团30g 线长／约105m 线的粗细／粗 适用针号／5~6号棒针，5/0~6/0号钩针

设计师的声音
针目整齐漂亮，编织手感很好。由于质地十分轻柔，我觉得也非常适合编织现在流行的宽大型毛衣。(冈真理子)

Ski Lana Melange
Ski 毛线

100%羊毛的混色平直毛线，有秋冬线材常见的温和色调，雅致的色彩变化使编织花样显得格外精美。无论是用一种颜色的线编织，还是配色编织，都非常方便实用。这是一款不受作品限制、可以广泛使用的线材。

参数
羊毛100% 颜色数／8 规格／每团30g 线长／约84m 线的粗细／粗 适用针号／6~7号棒针，5/0~6/0号钩针

设计师的声音
手感舒适，顺滑程度也恰到好处，很容易编织。虽然混色线的颜色比较复杂，但是灵活使用也可以用来编织成熟女装或者传统风格的服饰。(河合真弓)

DIA ADELE
钻石线

粗纺毛纱的线结带着一股自然气息,这是一款颜色淡雅的粗花呢线。中粗的标准线材非常容易编织,可以编织毛衣和小配饰等各种各样的作品。此外,轻柔的质感也是一大特点。无论是基础花样还是立体花样,都能让人感受到手编特有的温度。

参数

羊毛96%、涤纶4% 颜色数 / 10 规格 / 每团40g 线长 / 约116m 线的粗细 / 中粗 适用针号 / 5~7号棒针,5/0~6/0号钩针

设计师的声音

这是一款能让人联想到大自然的毛线。自然色调的线结非常特别,用这款粗花呢线编织起来也很顺手。(大田真子)

DIABONNE
钻石线

分别对羊毛、马海毛和真丝进行多彩的毛条染色,在混纺的同时一点点变换颜色,就形成了微妙的渐变效果。原材料的光泽感与雅致的色调相得益彰。这款线材编织起来非常顺滑,成品精美,穿着舒适。

参数

羊毛75%、真丝15%、马海毛(幼马海毛)10% 颜色数 / 8 规格 / 每团30g 线长 / 约99m 线的粗细 / 中粗 适用针号 / 5~6号棒针,5/0~6/0号钩针

设计师的声音

丝绸般的光泽和细腻的色彩变化漂亮极了。由于线材比较蓬松,可以编织出轻巧雅致的作品。(兵头良之子)

我家的狗狗最棒！

和狗狗在一起

photograph Bunsaku Nakagawa

围脖有多种戴法

小太君很喜欢摄影

狗狗的主人容子女士（模特真衣小姐的妈妈）在孩子长大后，忽然想养狗了。当时，她丈夫曾经被狗咬过，很怕狗，而且孩子还对狗毛过敏，这种情况虽然养狗不太合适，但她还是抽时间寻了一只不容易引起过敏的迷你雪纳瑞。

去年正月，她说服了家人，一起去了饲养员那里。在那里，她第一次和小太君见面了。在她和饲养员说话时，原本不会碰小狗的丈夫，竟然在抚摸小太君。容子很惊喜，小太君也因此成了他们家里的一员。

每次容子从外面回来时，小太君都高兴地在家里跑来跑去。小太君很喜欢散步，它像小兔子一样蹦蹦跳跳的，看起来精力充沛。丈夫非常喜欢看小太君精神百倍的样子，一有时间就说，"小太，出去玩吧"，然后就带它出门了。为了保护小太君的腿脚，家里还铺上了绒毯，已经创造了一个完全利于小太君生活的环境。

容子的孩子向来喜欢小猫，现在变得"跟狗比起来更喜欢猫，跟猫比起来更喜欢小太"，也非常宠爱小太。小太君已经变成他们家庭中不可或缺的重要一员。

设计/岸 睦子
制作/上野裕子
编织方法/152页
使用线/和麻纳卡

档案

狗狗　　小太君（小太）
　　　　迷你雪纳瑞　1岁半

性格　　有个性
主人　　真衣（模特）容子

[第8回] michiyo 的四种尺码毛衫编织

这件开衫的前门襟设计得很有个性，在编织中可以享受手编特有的乐趣。

虽然简单，却也别有一番风情。

photograph Shigeki Nakashima styling Kuniko Okabe hair&make-up AKI model LIZA VETA

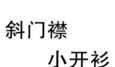

斜门襟
小开衫

原本看起来像男式毛衣，加上斜门襟就比较有个性了。再加上有特色的编织花样，自然地和下摆连接在一起。不沉闷也不张扬的花样，和整个织片和谐统一。整体的轮廓很清爽，衣袖不是普通的设计，而是做成了落肩袖，很方便穿。

虽然整体的款式很简单，但改变棒针号数，仔细编织加减针，就可以调节整体的宽窄。前门襟是和身片一起编织的，在编织过程中开扣眼。如果想改变纽扣的个数，还可以事后把针目拉大用作扣眼。

注意，因为本次使用的是混纺线，熨烫后毛线很容易变形，甚至失去本身的弹性，所以，用蒸汽熨斗熨烫时，一定要适度。

斜门襟小开衫

平铺时，很容易看明白整体的编织方法。肩部是落肩袖，即使是窄袖设计也很容易穿。织片整体的设计很简洁。使用带着微妙的变化的粗花呢线编织，并加入了锯齿状编织花样，看起来简约而不简单。

制作/饭岛裕子
编织方法/157页
使用线/内藤商事

领窝
斜门襟的倾斜幅度不是特别厉害，但不同尺码需要在衣领挑针针数上做出差别。

肩宽
利用落肩袖，通过宽度来调节连肩袖的长度。以此比例设计斜肩。

袖
不同尺码可通过肩宽来调节。所有尺码的袖长是一样的，只有宽度略有差异。

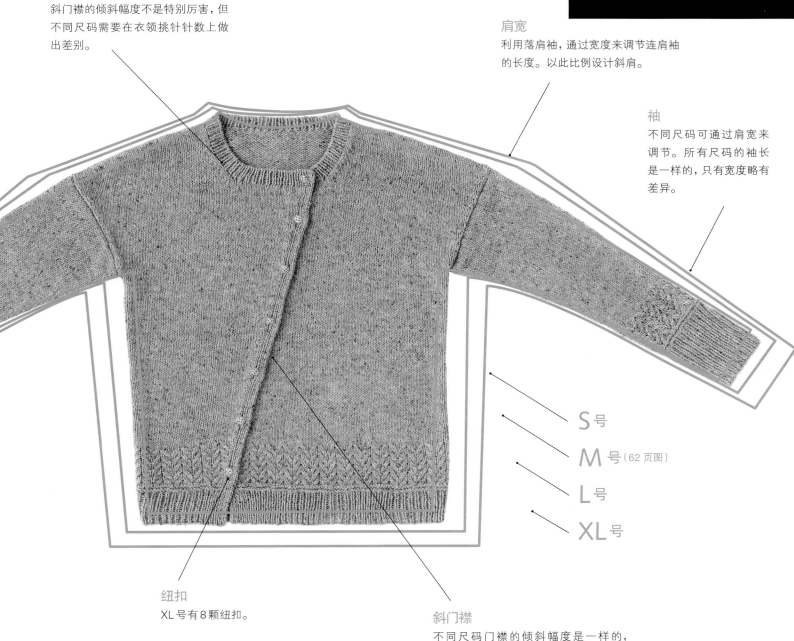

S 号

M 号（62 页图）

L 号

XL 号

纽扣
XL 号有 8 颗纽扣。

斜门襟
不同尺码门襟的倾斜幅度是一样的，不会因为尺码不同而变化。

michiyo

做过服装、编织的策划工作，1998 年开始作为编织作家活跃在编织界。作品风格稳重、简洁，设计独特，颇具人气。著书多部。

photograph Shigeki Nakashima styling Kuniko Okabe hair&make-up AKI model LIZA VETA

温暖又不失时尚的

钩编裙装和配饰

或者统一花样，或者使用新的花样，将喜欢的单品搭配成套本身就让人感觉很幸福。可以将自己喜欢的元素进行随意组合，这正是手编的妙趣所在。

扇形半身裙和露指手套

编织配套作品充满了乐趣，但是注重协调统一看上去才会更加漂亮。小配件露指手套从华丽的半身裙上提取了扇形花样部分。花样的线条沿着手背缓慢延伸，真是一双别致的手套。

设计/大田真子　制作/须藤晃代
编织方法/174页
使用线/钻石线

64

段染裹身裙和长披肩

段染线的色彩变化看上去仿佛粗花呢一般，
长针和拉针组成的编织花样形成百褶裙的设
计效果。从裙子的色调中选择1种颜色编织
的披肩特意使用了质感蓬松的粗毛线，与裙
子形成了鲜明的对比，别有一番风味。

设计/柴田 淳
编织方法/167页
使用线/钻石线

山形花样半身裙
和围巾

裙子的锯齿状几何花样透着一股怀旧复古的气息。配套的围巾使用的颜色就像色卡一样五彩斑斓。穿上靴子，戴上帽子，这一身牛仔女郎风格的搭配在秋日的天空下看起来英姿飒爽。

设计／笠间 绫
编织方法／181页
使用线／内藤商事

流苏装饰连衣裙

连衣裙的后身片是方眼针和短针组成的镂空花样，轻巧透气。加上配色编织的2大片四边形花片，独特的设计看上去就像多了一条装饰性腰带。大大的流苏使用了花片的同色线制作而成，作为小配饰格外引人注目。

设计/森 静代
编织方法/169页
使用线/内藤商事

67

男性编织 我们最想要的男士毛衣

最近，男性编织者越来越多。感觉编织的队伍又壮大了，对我们真是莫大的鼓舞。
本期专门为这些男性编织者制作了男士毛衣特辑，
当然也非常欢迎朋友们编织这些毛衣送人！

photograph Shigeki Nakashima,Bunsaku Nakagawa styling Kuniko Okabe
Special Thanks Keito

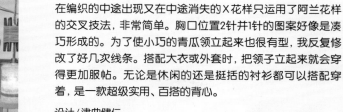

以X花样和金属扣为亮点的
双色背心

在编织的中途出现又在中途消失的X花样只运用了阿兰花样
的交叉技法，非常简单。胸口位置2针并1针的图案好像是凑
巧形成的。为了使小巧的青瓜领立起来也很有型，我反复修
改了好几次线条。搭配大衣或外套时，把领子立起来就会穿
得更加服帖。无论是休闲的还是挺括的衬衫都可以搭配穿
着，是一款超级实用、百搭的背心。

设计/津曲健仁
编织方法/159页
使用线/奥林巴斯

Takehito Tsumagari

津曲健仁

手编讲师和作家。狮子座，B型血，55岁。
（公益财团法人）日本手艺普及协会认证手编指导员。曾在编织教
室"牧野学院"学习并获得了手编讲师和指导员资格，并且参加了
该学院的"讲师专业制图指导课程"（2015年）以及宝库学园东京
分校的"成人男装编织讲座"（2017年）等。还是微笑编织俱乐部
男子编织分部会员（会员编号21）。

从科幻电影中汲取灵感的

拼色套头衫

设计灵感来源于少年时代在电视上看过的科幻电影中的宇航
服和海底探测潜水服。挑战新作品就像一场小小的冒险，稍
有不慎就可能会遭遇事故导致失败，但是只要脚踏实地积累
每一小步，一定能够到达终点。进展顺利固然令人开心，进
展不顺利也会很有趣。虽然难免会走弯路，或者犯错误，抑
或受伤，但是这一切都将成为冒险的见证和勋章。

设计／津曲健仁
编织方法／161页
使用线／奥林巴斯

Naotaka Ito

伊藤直孝

1979年生于千叶县。毕业于东京大学及该大学研究生院（理学硕士）。从事若干职业后，在宝库学园东京分校学习手编，获得（公益财团法人）日本手艺普及协会认证手编师范资格。之后在一家手工艺品店负责销售并担任讲师，还在毛线公司担任讲师，负责策划设计和经营。从2017年秋天开始担任佐仓编织研究所的所长。最喜欢的饮料是芋头烧酒。

偶尔玩心大起编织的

平翻领阿兰外套

这款外套加入了很多阿兰风交叉花样，编织起来非常有成就感。这次选择了平常不怎么穿的灰粉色，以好玩的心情尝试将心形花样排列在了显眼的位置。边缘和衣领部位编织扭针的单罗纹针，增加了织物的厚实度和紧致感。插肩袖的设计既方便穿着又能活动自如，这一点非常令人满意。

设计／伊藤直孝
编织方法／164页
使用线／奥林巴斯

任何年龄都能轻松驾驭的
撞色 V 领背心

这是一件基础款式的传统背心，包含1针交叉和扭针的基础花样使织物增加了少许纹理变化。沉稳的绿色主体与边缘加入的象牙白色形成强烈的反差，无论何时何地都可以轻松舒适地穿着。因为厚度适中，也可以穿在外套的里面。

设计/伊藤直孝
编织方法/163页
使用线/奥林巴斯

Color Palette

绽放在秋日披肩上的花朵

可以改变其中一个四边形花片的颜色，也可以连接不同数量的花片……
一起享受各种各样的改编带来的乐趣吧！

photograph Shigeki Nakashima styling Kuniko Okabe
hair&make-up AKI model LIZA VETA

A

原白色 ×2排
首先是连接2排花片的设计。4片花片相互
连接后，对角位的花样连起来呈现出新的花
样。这款披肩选择了自带华丽气息的原白
色线编织，与任何服装都很容易搭配。

设计／大田真子
制作／冈 千代子、真野章代
编织方法／177页
使用线／奥林巴斯

浅紫色 ×2排

虽然连接方法相同，但是选择雅致的浅紫色后，披肩的整体感觉一下子成熟了不少。搭配自己喜欢的颜色，心情也会变得积极开朗。借助颜色的力量，释放日常积累的压力吧！

酒红色 ×1排

这款披肩的形状是将排成一列的花片在中心位置呈L形转折连接。随意地披在肩上就十分优雅有型，而且不易滑落，使用方便。庄重大气的酒红色在秋日阳光下格外出彩。

B

C

D

E

薄荷绿色、原白色 ×1排

在花片的中心部分配色编织，整条披肩清爽怡人。花朵部分和周围的对比显得轻柔明快，即使只有1排的连接花片，也能让人眼前一亮。不妨作为清新漂亮的小配饰日常搭配穿着吧！

酒红色、紫色 ×3排

同样是连接花片，但是并列3排后的整体效果截然不同。每隔一片花片换一种配色的中间部分宛如飘落的花朵一般优雅迷人。不仅仅是颜色，换一种材质的毛线编织或许也非常有意思。

photograph Hironori Handa styling Masayo Akutsu hair&make-up Naoyuki Ohgimoto model Stacy K

志田瞳优美花样毛衫编织新编 ❼

椭圆形花样套头衫

选自日文版《志田瞳优美花样毛衫编织14》（无中文版）

原版是一款背心，最大的特色是中间整齐匀称的交叉花样。

　　本期，我想用颜色带有浓浓秋意的线编织一款可以彰显各种手编花样的套头衫，于是选择了《志田瞳优美花样毛衫编织14》中的一款背心，尝试进行改编。

　　当初在设计这款背心的花样时，希望在整齐匀称中可以呈现出柔和的感觉，就在交叉针和花样之间又加入了蕾丝花样。但是，编织完成后发现背心中间的花样过于抢眼，其他花样总觉得看上去不太舒服，稍微有种杂乱无章的感觉。

　　这次改编时，首先颜色上我选择了茶色系，其次线材上选择了缠绕细线的粗花呢线。由于交叉等针法凹凸有致，即使用稍微深一点颜色的线编织，编织花样也清晰可辨。这款套头衫的外形轮廓偏宽松，只有领围线有一定弧度，其他部位为了便于编织大多是直线设计。中间的花样比原先的设计要简洁一点，左右两边的纵向扭针花样非常清晰，再加上袖子，保持了整体的平衡感。

　　身片和袖子的宽度可以通过侧边的上针调整，衣长可以通过边缘编织的长度调整，请根据自己的尺寸编织。选择自己喜欢的颜色，享受手编的美好时光吧！

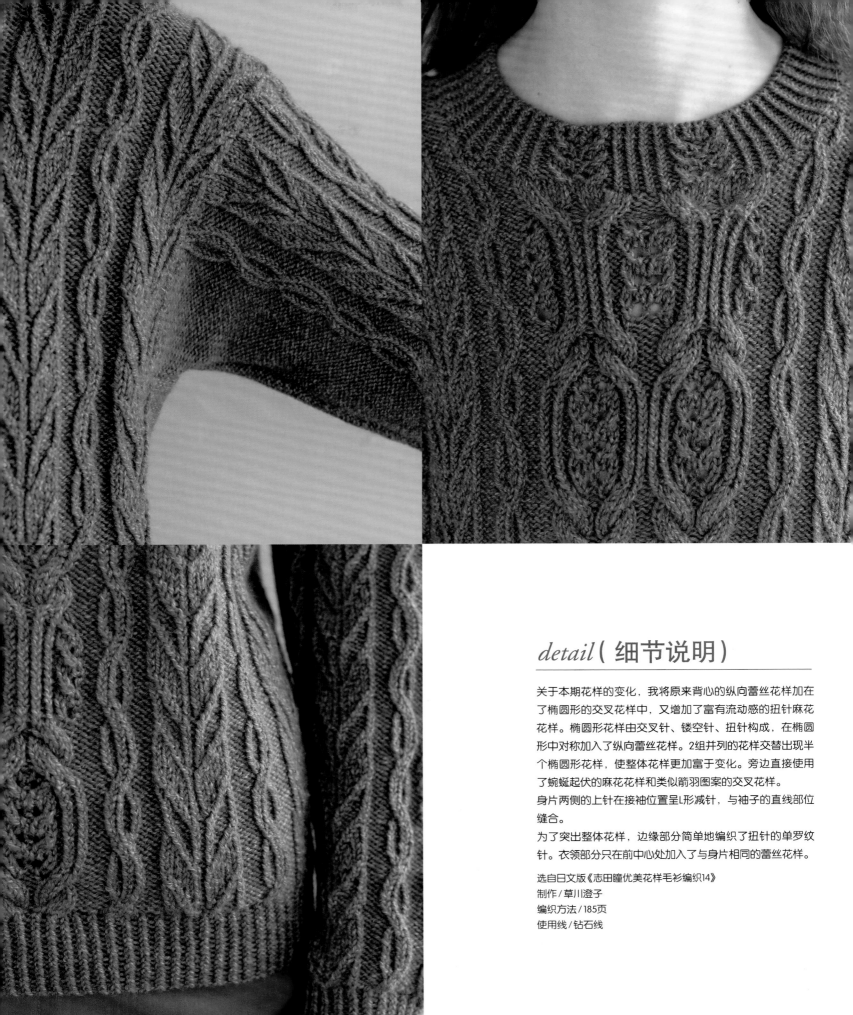

detail (细节说明)

关于本期花样的变化，我将原来背心的纵向蕾丝花样加在了椭圆形的交叉花样中，又增加了富有流动感的扭针麻花花样。椭圆形花样由交叉针、镂空针、扭针构成，在椭圆形中对称加入了纵向蕾丝花样。2组并列的花样交替出现半个椭圆形花样，使整体花样更加富于变化。旁边直接使用了蜿蜒起伏的麻花花样和类似箭羽图案的交叉花样。

身片两侧的上针在接袖位置呈L形减针，与袖子的直线部位缝合。

为了突出整体花样，边缘部分简单地编织了扭针的单罗纹针。衣领部分只在前中心处加入了与身片相同的蕾丝花样。

选自日文版《志田瞳优美花样毛衫编织14》
制作／草川澄子
编织方法／185页
使用线／钻石线

炎热的天气还要持续一段时间，但是我的内心已经迫不及待想要迎接真正的编织季了。

今年秋季为大家推荐的是超级轻柔的真丝马海毛线。

photograph Shigeki Nakashima styling Kuniko Okabe hair&make-up AKI model LIZA VETA

2020年的立秋是8月7日。从日历上看，最热的8月初到立冬的这段时间就是秋天。当你还觉得热的时候抬头一看，天空已经变得高远了一些，从厚厚的积雨云的缝隙间透出秋天的云彩，就像用毛刷涂过一般。就连最喜欢冬天的我，在酷暑中感受到一丝秋天的气息时也不禁欢欣雀跃起来。

不如早早地开始准备冬装吧！

最先想到的就是比较花时间的外套。这次的外套是配色编织花样。一边想象着完成后的样子一边孜孜不倦地编织，这也是编织的妙趣所在。这次的作品使用了大量轻柔的真丝马海毛线编织。常规的马海毛纱线中使用的芯线是锦纶，此次推荐的"DRAGÉE"则使用蚕丝作为芯线。毛线的质感简直像仙女的羽衣一样轻柔，编织完成的外套更是优雅大气。

另一款作品是洋溢着浓浓秋意的拼布风背心。并不是单独编织一个个四边形花片，而是一边改变方向一边连续编织。看上去好像很难，但是非常有趣，很快就能编织完成。

从哪一款开始编织呢？下半身搭配什么好呢？像这样左思右想的时刻也是既充实又愉快的。

冈本启子（ Keiko Okamoto）

Atelier K's K的主管。作为编织设计师及指导者，活跃于日本各地。在阪急梅田总店的10楼开设了店铺"K's K"。担任公益财团法人日本手艺普及协会理事。著作《冈本启子的钩针编织作品集》《冈本启子的棒针编织作品集》（日本宝库社出版，中文简体版都已由河南科学技术出版社出版）正在热销中，深受读者好评。

线名：DRAGÉE、SPIRALE、FLUFFY、FLUFFY MELANGE

配色花样翻领外套

76页作品 / 虽然是长款外套，却轻得让人吃惊。因为是配色编织，即使偏薄一点也非常温暖。穿着的舒适感也为这款作品加分不少。

制作 / 宫本宽子　编织方法 / 187页　使用线 / K's K DRAGÉE、SPIRALE、FLUFFY、FLUFFY MELANGE

方形花片拼接背心

左图 / 这款直筒型背心是由五颜六色的四边形织块组合编织而成。灵活使用了多米诺编织技法。

制作 / 中川好子　编织方法 / 189页　使用线 / K's K DRAGÉE、SPIRALE、FLUFFY、FLUFFY MELANGE

编织机讲座

可以快速编织，乐趣十足

上一期介绍了"花卡编织机SK280"，只要插入喜欢的花卡就能编织出各种花样。
本期将继续为大家介绍几款用SK280编织的作品。
插入花卡后就能自动编织出下面的花样，很厉害吧！

photograph Hironori Handa styling Masayo Akutsu hair&make-up Naoyuki Ohgimoto model Stacy K

一字领配色背心

使用花卡编织，配色花样就变得十分简单，
看似复杂的图案也能轻轻松松地编织出
来。搭配使用段染线和纯色线，令花样更
加富于变化。因为是等针直编，所以编织
起来也非常轻松。

设计/奥村利惠子（银笛编织研究会）
编织方法/96页
使用线/ Rich More、和麻纳卡

拼色立领卷边
套头衫

仿佛印花般细腻的编织花样也能用花卡简
单快速地编织完成。立领和袖口使用不同
颜色的线编织，领口和下摆形成自然卷边
的效果。

设计/奥村利惠子（银笛编织研究会）
编织方法/184页
使用线/钻石线

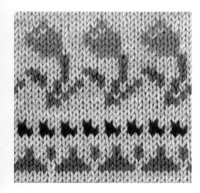
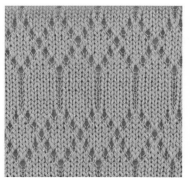

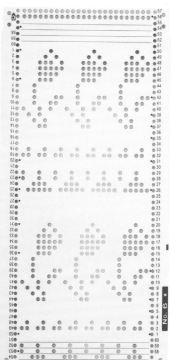
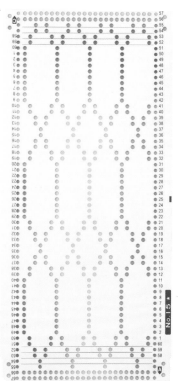
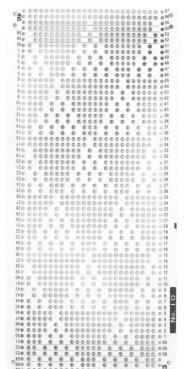

使用随机附赠的花卡，
就可以编织出这些花样

即使用同一张花卡，也可以通过调节凸轮杆编织出不一样的图案，或者使用不同的配色和线材编织出丰富多彩的花样。（从右往左依次是用2号、10号、15号、6号花卡编织的样片）

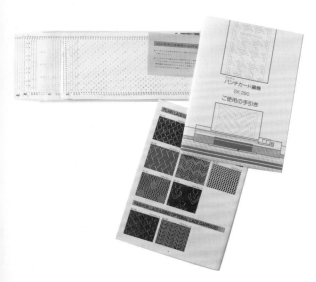

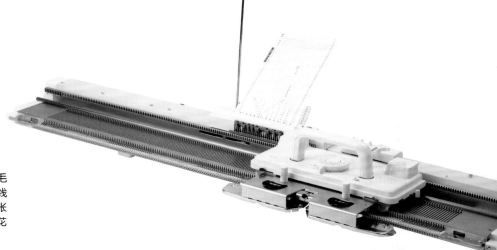

花卡编织机SK280

这是一款针距为4.5mm、针数为200针的编织机，可以用中细毛线轻松编织。全长110cm，重11.8kg，编织起来非常稳定。适用线材范围非常广，从极细毛线到粗毛线均可编织。随机配备了20张花卡，也可以自己设计原创花样制作成花卡，编织出无限多的花样。

花卡的制作方法

编织机虽然配备了现成的花卡，但是想要编织原创花样时，
不如自己动手打孔，设计出独一无二的花卡吧！

摄影／森谷则秋

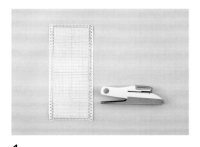

1

准备好空白花卡和手握式打孔机。（需要另外购买）

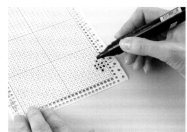

2

用笔在需要打孔位置做上标记。

3

做好标记后的状态。

4

确认打孔机的冲头。

5

对准花卡上的小孔向下按压。

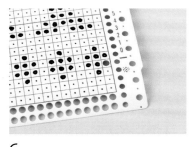

6

1个孔就打好了。继续在做上标记的部分依次打孔。（将落在废纸盒里的纸屑取出倒掉）

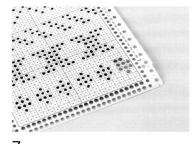

7

打错孔需要修补的情况。

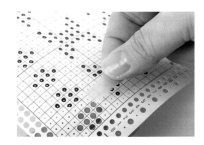

8

在正反面贴上胶带。

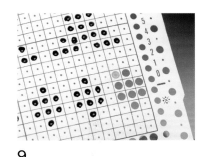

9

胶带粘贴到旁边的孔上时，就用打孔机再次对准小孔按压一次。

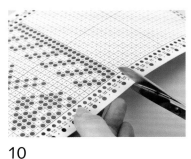

10

打完所有的孔后，剪掉多余的部分。（注意连接花卡上下两端的重叠部分也需要打孔）

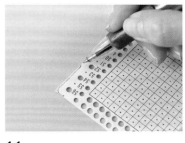

11

画出花卡的转角弧度。

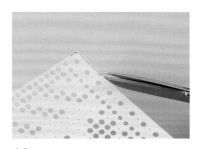

12

沿着画好的线修剪。

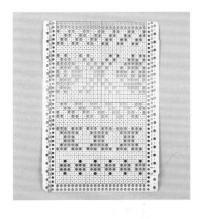

13

完成。

《时间的花束》正在热销

林少华　张国立　邓婕
刘晓庆　王志文　史航　联袂推荐

我们看到了她和她带来的《时间的花束》，这是另一种温存，另一重皎洁。
——史航

我们始终记得山口百惠，不是为怀旧，只是想记得。多年未得音讯，就像心中的嫦娥住到了月亮背面，我们只能等待冰轮转动，重睹芳容。现在，

从《苍茫的时刻》到《时间的花束》，她息影四十年，并无遗憾，这里是四十年的缤纷。

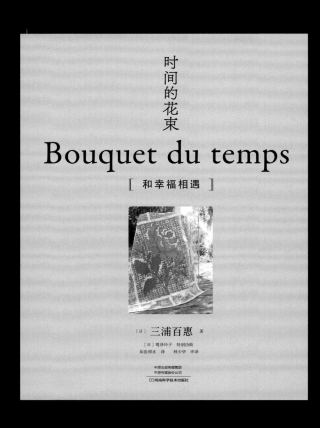

时间的花束

Bouquet du temps

[和幸福相遇]

〔日〕三浦百惠 著

〔日〕鹫泽玲子 特别协助
如鱼得水 译 林少华 审译

中原出版传媒集团
中原传媒股份有限公司
河南科学技术出版社

一九八〇年。八〇年之前她是山口百惠，以一颦一笑塑造了光彩照人的影视形象；八〇年之后她是三浦百惠，以一针一线成就了五彩缤纷的拼布作品。二者都是艺术。前者再现他人的生命旅程，后者缝拼自身的生活场景——相连的时间花束，独特的人生感悟，分外值得品读！
——林少华

山口百惠与我，同一时代。21岁的山口百惠，为了爱情放弃了演艺事业，我选择了完全不同的另一条路。她引领了一个时代，我们都记得她和她的作品，而我，也没有辜负我的时代。
她是平静纯良，岁月静好；我是波澜壮阔，跌宕起伏。不同的道路，不同的风采，而我成就了我自己，她成全了她自己，我们各自绽放，生命无悔。
——刘晓庆

我们向您推荐三浦百惠的生活随笔集——《时间的花束》。三浦百惠的婚姻是我们那个年纪的爱情神话，神话被岁月考验，被日常加持，至今没有破灭。就像她喜欢的拼布艺术，依旧不琐碎，依旧很耐看。存一种真，能把戏演好。存一种真，能把日子过好。
——张国立、邓婕

从山口百惠到三浦百惠，当是如是，一针一线，不疾不徐，有温度的活，我喜欢！祝福您！

日本宝库社编织小组还做了这些事!

撰文／《毛线球》编辑部

CRAFTING 编织讲座

CRAFTING（手工制作）是一款手作教学应用软件，可以通过智能手机或平板电脑一边观看视频一边学习制作。上面各种类别的讲座大约有200个，所有的讲座都有制作方法教学视频，不懂的地方可以通过APP提问，也可以在提问时上传拍摄的照片。

编织小组制作的讲座中最想为大家推荐的是阿兰花样系列作品。特别是围脖和帽子（图3），无论是编织新手还是有经验的编织者都不妨试一试。我们将作品中用到的编织方法都制作成了视频，只要照着编织就能完成。如果不需要视频，也可以只购买编织材料。

毛衣（图4）在编织方法上做了巧妙的处理。讲座的授课老师在早期开始编织时就曾因为不懂毛衣的编织方法而大费周章，所以设计这款毛衣时尽可能简化了编织方法。诸如引返编织、肩部接合和上袖等容易让人望而却步的技法全都用不到，只需环形编织即可。这款毛衣的特点就是无须考虑从反面编织时可能遇到的任何情况。除了这些，还有其他很多编织讲座。另外，我们正在策划录制一些通过书籍很难实现的内容，敬请期待!

1／观看视频，确认编织方法。当然材料中也包含了编织图解 2／也有阿兰花样以外的编织讲座 3／围脖和帽子准备了可以日常使用的3种颜色 4／这款阿兰花样毛衣的设计尽可能降低了编织难度

amimono channel 正式上线!

编织小组新建了一个优兔（YouTube）频道，名字就叫amimono channel（编织频道）。我们邀请了也曾在"男人编织"专栏中介绍过的横山起也先生担任主播，跟大家聊一聊编织的各种乐趣。在YouTube上搜索"编织"这个关键词，就会跳出大量的视频，其中大部分是关于编织技法或作品编织方法的讲解。当然，从这些视频里也可以学到很多，编织精美的作品也让人很开心。不过除了动手编织，关于编织的乐趣还有很多很多。

在《编织有话聊》栏目中，主播将和不同的手工艺者进行对话。首期嘉宾是经常出现在我们杂志中的北川景老师，我们可以听到其他地方很难听到的比较深入的话题，比如从明治到大正时期日本的编织文化是如何变迁的。后面我们还计划邀请梭编蕾丝作家齐藤洋子、编织玩偶作家光惠、自由学园明日馆馆长渡边晋哉等知名人士到节目中来。除了对话栏目外，哈普萨卢蕾丝的定型、编织古书的介绍、采访有意思的店铺等编织小组独家策划内容也正在紧锣密鼓地讨论中。

编织频道的头像是一只叫作Amabie的小海怪

聊一聊
明治时期
的编织!

编织师的极致编织

【第 35 回】让人陷入回忆的"编织线香烟花"的风景

拿一根线香烟花
点燃
灿烂的烟花喷薄而出

呲呲呲 嗞嗞嗞 灿若群星
噼里啪啦 噼噼啪啪
烟花燃烧得越来越猛烈
可以将两三根烟花重叠在一起

嗞嗞嗞 呲呲呲
烟花越燃越小

窸窣窸窣 窸窸窣窣
小小的火花像菊花花瓣一样散开

可不能掉了 要用手拿好
在第 4 次变形之前
要慢慢回味
日暮下的时刻

不要忘记赶走蚊子

编织师203gow:
持续编织非同寻常的"奇怪的编织物"。成立让编织充满街头的游击编织集团"编织奇袭团",还涉足百货店的橱窗、时尚杂志背景、美术馆、画廊展示、舞台美术以及讲习会等活动。

文、图 /203gow　参考作品

84

河南科学技术出版社
精品图书推荐

河南科学技术出版社
精品图书推荐

现在还不知道?

往返编织攻略

编织过程中的烦心事是什么?如果去问一下,往返编织一定名列前茅。
不看编织基础书就不会,加入花样就看不懂了。
这样的人应该有很多吧?
本期着重介绍往返编织的各种常见操作,挂针、滑针、2针并1针等。
为什么要编织这些针法呢?我们以这个视角来说明。

摄影 / 森谷则秋　监修 / 今泉史子

所以,挂针会露出来!

这里是我的地盘,我说了算……

其1

为什么编织挂针?

挂针,大抵是为了加针而编织的。
但往返编织时,挂针的目的不是加针,因此不计入针数。
这里的挂针,只是消行的标记,
对于担心针目变松的人来说,建议使用记号圈。

挂针的情况

编织挂针时,在消行时,此处要编织2针并1针。

消行的情况。挂针挂在针上的部分,针目会变长。如果是光滑的线,针目会变松。

反面不交换针目,所以更容易变松。

使用记号圈的情况

在要编织挂针的时候,放一个记号圈。

消行时,编织到记号圈处时,下一针不编织直接移到右棒针上。将记号圈上挂的线,移至左棒针上。

移回左棒针后编织2针并1针。

针目比挂针短,所以不容易松。

什么都不用的情况

应该是哪2针要并1针呢,知道的人会编织滑针来完成消行。

从滑针处,将针插入编织线和左棒针上的针目,编织2针并1针。

和编织挂针的情况相比,针目看起来不怎么松。

反面也不怎么松。

为什么编织滑针?

往返编织时在编织中途从需要往返的地方往返编织,往返部分会出现2行行差。
为了中和行差,在往返时要编织滑针。

这是编织滑针之后的往返编织。滑针拉伸了一些,行差不明显。

这是没有编织滑针的往返编织。无视行差直接编织,织片上就出现了一个洞。

其3

为什么编织2针并1针?

其1中的挂针就是为了后面编织2针并1针而做的记号。那为什么编织2针并1针呢?
对比着看的话,就会一目了然。因为不这样编织的话,织片上会有个洞!

没有编织挂针、直接用滑针来做往返编织时,不编织2针并1针,直接编织消行。

这时滑针会很松,出现一个洞。

编织2针并1针,可以收紧针目,将滑针处的线拉紧。

拉紧后的情形。这样是为了返回时用2针并1针拉紧。

其4

为什么一边要交换针目?

往返编织并不是说左边或右边一定要交换针目,
但肯定有人会翻阅编织基础书看看究竟是在哪边(可以看)。
但是,因为想把连着滑针的线藏到反面,所以左右并不重要,重要的是正反面。

> 这样的话什么样的往返编织都没问题!

> 可能……

编织至2针并1针前面。为了让挂针出现在反面(前面),这里要交换针目编织2针并1针。

如果不交换针目来编织2针并1针的话,挂针的线就会出现在正面。

这样想的人请看下一页 ▶

留针的往返编织

在编织斜肩时经常用到。每2行留一次针目进行往返编织。
往返编织一定的次数后，通过消行来调整行差。

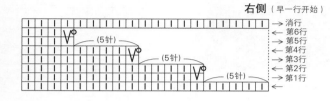

右侧（早一行开始）

→ 消行
← 第6行
→ 第5行
← 第4行
→ 第3行
← 第2行
→ 第1行

（5针）
（5针）
（5针）

第1行（反面编织行）

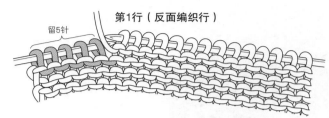

留5针

1 第1次往返编织。从反面编织的行，编织至左棒针上留5个针目为止。

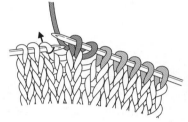

3 下一针编织下针。

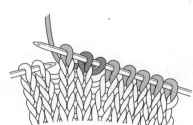

4 剩余的针目也编织下针。

第2行（正面编织行）

注意不要让挂针松掉

滑针　挂针　留5针

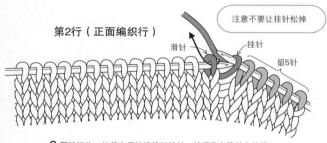

2 翻转织片，从前向后挂线编织挂针，然后将左棒针上的第1针滑向右棒针（滑针）。

第3行（反面编织行）

挂针不计入针目　留5针

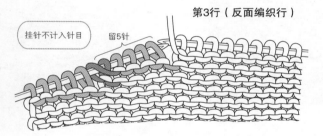

5 第2次往返编织。左棒针上从滑针开始留5个针目。

第4行（正面编织行）

滑针　挂针　留5针　滑针　挂针

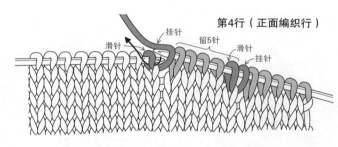

6 翻转织片，和步骤2一样编织挂针、滑针，剩余针目编织下针。重复步骤5、6。

滑针　挂针　滑针　挂针　滑针　挂针

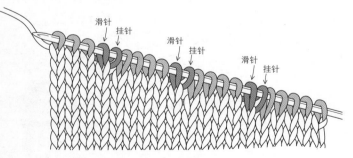

7 编织好了第6行（第3次往返编织）。

消行（反面编织行）

交换针目

交换针目后编织2针并1针

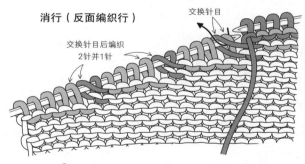

8 在从反面编织的行消行。挂针和左边的针目交换一下（参照针目的交换方法），编织2针并1针的上针。

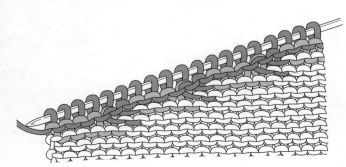

9 右侧的往返编织完成了。挂针出现在反面，从正面看不到。

针目的交换方法
（反面编织行的操作方法）

1 将线放在前面，按照1、2的顺序移至右棒针上。

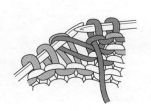

2 按照箭头所示将左棒针插入移过来的2针中，移回左棒针。

3 针目交换好了。

90

左侧

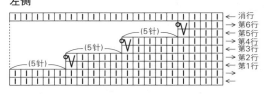

←消行
→第6行
→第5行
→第4行
→第3行
→第2行
→第1行
←

（5针）
（5针）
（5针）

斜肩左侧多1行

左侧的往返编织比右侧晚一行开始。结果，左侧消行多了一行。
这是只在编织行的终点留引针引起的。肩部缝合后将前、后身片连
在一起，这样左右行的行差相互抵消，就变成了相同的行数。

第1行（正面编织行）

留5针

1 第1次往返编织。从正面编织的行，编织至左棒针上留5个针目为止。

第2行（反面编织行）

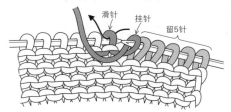

滑针　挂针　留5针

2 翻转织片，按照图示挂线，然后将左棒针上的第1针滑向右
棒针（滑针）。

3 完成滑针的情形。下一针编织上针。

4 剩余的针目也编织上针。

第3行（正面编织行）

注意不要让挂针松掉　　留5针

5 第2次往返编织。左棒针上从滑针开始留5个针目。

第4行（反面编织行）

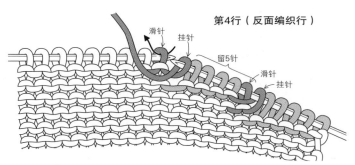

滑针　挂针　留5针　滑针　挂针

6 翻转织片，和步骤2一样编织挂针、滑针，剩余针目编织上针。
重复步骤5、6。

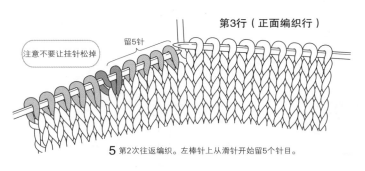

滑针　挂针　2针并1针　滑针　挂针　2针并1针　滑针　挂针　2针并1针

7 编织好了第6行（第3次往返编织）。

消行（正面编织行）

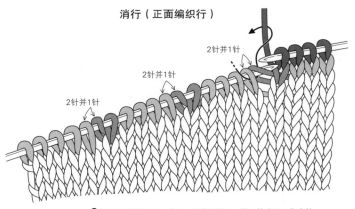

2针并1针　2针并1针　2针并1针

8 在从正面编织的行消行。不减少针目，按照箭头所示将右棒
针插入挂针和左边的针目中，编织下针的2针并1针。

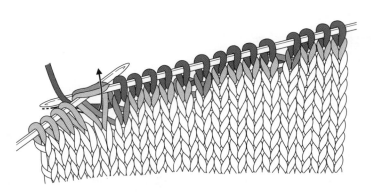

9 按照相同的方法编织到第3次。挂针出现在反面，从正面看不到。

时尚达人的手艺时光之旅：
钩针编织和帽子针

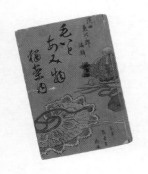

《插图版毛线编织方法》(明治二十年，即1887年出版)。"短针"在书中标记为"钩针编织方法一"

《毛线编织自学指南》(明治二十年，即1887年出版)。其中，帽子的编织难度稍微有点大。
在明治后期，非常流行一种"大黑帽子"(图片中孩子所戴的帽子)
(译者注：形状类似于日本神话中七福神之一的"大黑天"头上戴的头巾式无檐帽，"大黑帽子"由此得名。)

再现了书中刊登的帽子和编织人造花作品

彩色蕾丝资料室 北川景
为日本近代手艺人的技术和热情吸引，积极
进行相关研究。出于对蕾丝的热爱，在担任
蕾丝编织讲师的同时，还在东京品川区开设
"彩色蕾丝资料室"。是孔斯特蕾丝俱乐部的
主管，也在持续举办"时尚达人手艺讲座"。

　　1887—1896年，使用毛线、蚕丝线和棉线制作的"编织人造花"作为一门手工艺已经普及开来，非常受欢迎。我本人也在2016年春季刊的《编织人造花》一文中介绍过这门手工艺，自那以后就对可爱迷人的人造花艺术产生了浓厚的兴趣，甚至还定期举办了研讨会。编织人造花只用到锁针、引拔针、短针和长针这几种针法，制作方法极为简单，这也就不难理解时尚达人们为何如此着迷了。

　　在《美术编物造花法教本》(1909年)一书中，现在的"短针"被叫作"细针"。但是，在更早几年就风靡一时的另一本书《九重编造花》(1906年)中，又将"短针"叫作"帽子针"。明明是人造花，却叫作"帽子针"，我觉得太不可思议了，于是就短针和帽子针的关系做了一番研究。

　　翻阅明治二十年(1887年)出版的人气教科书《插图版毛线编织方法》可以看出，它是从毛线与钩针的拿法以及锁针的编织方法开始介绍的，然后用插图的形式讲解了从锁针上起针的方法。不过，现在的"短针"在这本书中标记为"钩针编织方法一"，后面还写有这样的说明："用于帽子和其他袋状物体的编织，是一种非常简单的编织方法。"

　　由此看来，"短针"这个叫法似乎经过了"编织帽子时用到的钩针编织方法→编织帽子时用到的针法→帽子的针法→帽子针"这样的演变过程。想象一下，时尚达人们在讲解短针时大概会这样说吧："你看你看，就是那个帽子针法，编织方法很简单的那个帽子针！"的确，比起"钩针编织方法一"，"帽子针"的叫法无疑更加简洁明了。但是，帽子的编织方法是一边呈螺旋状加针一边编织的。那么，单纯的"短针"又为什么会叫作"帽子针"呢？我想是不是可以做下面这样的推理：

　　编织从西方传入日本时，洋装的帽子是必备单品。但是，依照当时日本的生活方式，帽子只不过是一种编织方法的呈现，应该不是那么实用的物品。幼童帽子的普及还要再往后推一段时间，而且螺旋状的加针方法对于当时的时尚达人们来说实在很棘手。这时，"编织人造花"的出现正好缓解了这个加针烦恼。用帽子针法可以编织出精巧的花草果实，时尚达人们纷纷为之着迷，"帽子针"这才作为短针的原始叫法逐渐固定下来的吧！

毛线世界

编织符号真厉害

第13回【棒针编织】

● 了不起的符号 **1** 符号的形状很像可爱的人脸，在1针上加针

1针放3针的加针

3 = ＼ | ○ | ／ 呵呵

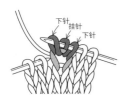
下针 挂针 下针

1针放5针的加针

5 = ｜○｜○｜ 呵呵

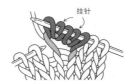
挂针

1针放4针的加针

4 = ｜ | ＼ | ｜ ……

上针

……

● 了不起的符号 **2** 棒针编织的枣形针，有多种变化可能

3针3行的枣形针

圆滚滚

3针5行的枣形针

圆滚滚

你是否正在编织？我是对编织符号非常着迷的小编。虽然暑气未消，但确实已经是秋天了。虽然已经强调一百遍了，还得再说一下，现在编织的话，天冷的时候正好穿。俗话说，针比剑厉害，我们编织的时候也要一心一意呀。

本期介绍的是从1针上编织加针形成的造型针。它的加针方法是，在1针上编织3针或5针。如果问我喜欢这个编织符号的什么地方，那就是它看起来笑眯眯的样子。看见这样的编织符号，让人忍不住想笑。尤其是使用了上针的符号时，看起来很像人脸。不过，加4针的符号看起来不像人脸。

这里介绍的枣形针，不是钩针编织中的枣形针，而是用棒针编织的（强调）。在1针上加针后，编织1行甚至是3行，然后再将加针的针目并为1针，就成了枣形针。以"3针3行的枣形针"为例，在1针上加3针，翻转织片在反面行编织1行，然后在正面行编织中上3针并1针，就回到了1针。这时，就会发现，织片上不可思议地形成了枣形针（泡泡针）。还可以改变编织的行数和加针的针数。书中的作品，也可以把3针3行的枣形针变成3针5行的枣形针，这样就可以改变枣形针的大小，也是一种创意。

在1针上加针，与其说是加针，倒不如说是一种花样的编织方法。基本都是以最后归为1针为前提来进行换算的，听起来似乎挺有趣的。虽然是从加针开始的，最后还是要面临被减回去的命运。本期第68页的作品的编织花样就是这种在1针上加针的编织效果，请大家留意一下哟。棒针编织的泡泡针、枣形针还有其他种类，改天再聊。

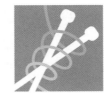

小编的碎碎念

"在1针上加针"这种说法不怎么常见，如果在日常交谈中用到了这种说法，就会觉得莫名的兴奋。枣形针用在阿兰花样中，效果也很棒，应该很多人都见过。如果想让编织花样更加立体，或者更醒目，一定不要错过这种针法。

编织报道：

线上编织展览会

图、文/《毛线球》编辑部

　　我们参加了2020年4月末举办的"线上编织展览会"。这场活动通过网络会议系统"ZOOM"将运营团队和各参展商连接起来，以对话聊天的形式介绍参展商要推荐的商品，并以现场直播的全新形式将展会活动呈现给大家。在新型冠状病毒疫情的影响下，各种现场活动都不得不相继取消。因为担心编织行业也因此进入寒冬期，"我们的编织"协会精心策划了本次展览会。

　　从策划到开幕，时间非常紧，连2个月都不到。整个展览会一共有16家参展商和5位特邀嘉宾，为了更加方便地了解彼此的准备情况，还使用了商务专用聊天工具Slack和Google Drive进行沟通。为这些IT软件的使用做准备工作时，刚开始参展商们纷纷感到一筹莫展，但最后全都使用得非常熟练。

　　终于迎来了正式开播时间！特邀嘉宾分享了他们对编织的热爱，参展商们也介绍了各自强烈推荐的商品，平台还收到了很多参展观众（在线网友）发表的评论，气氛非常热烈。虽然画面看上去一片热闹欢快的景象，但实际情况却是参展商一个人在安静的大房间里对着摄像头滔滔不绝，也是非常不可思议啊（当然各家参展商的情况不尽相同）。

直播中的样子

　　直播时感觉最难的要数"看着对方的眼睛说话"这件事了。现实生活中只要看着说话者的眼睛就可以了，但是网络会议等情况下，并不是看着屏幕中说话者的眼睛，而是要看对着自己的摄像头，不然对方看到的就是直播者一直盯着下方的样子。即使有了这个意识，还是会不小心看向屏幕，所以展会直播时频繁朝下看的问题也是我们需要反省的地方。

　　一说到展会，往往指的都是线下的实体展会，但这次的线上编织展览会突破了距离上的限制，使不同地方的朋友得以欢聚一堂。说实话，还是希望大家可以现场亲手触摸到商品实物。无论是线下还是线上都有利有弊，也比较烦琐复杂，希望我们编辑部以后主办展会时可以从中借鉴一些经验。

　　因为线上编织展览会的直播视频保存了文件，所以每个人都可以观看回放。另外，从特设网站可以跳转到各家参展商的店铺页面，未能实时观看现场直播的朋友也不妨借此机会浏览一番。

作品的编织方法

★的个数代表作品的难易程度和对编织者的水平要求　★…初学者可放心选择　★★…拥有一定自信者都可以尝试
★★★…有毅力的中上级水平者可以完成　★★★★…对技术有自信者都可大胆挑战
※ 线为实物粗细
※ 图中未注明单位的数字均以厘米（cm）为单位

材料

Rich More Giverny 橙色系混染(6) 190g/7 团；和麻纳卡 纯毛中细 深棕色(5) 20g/1团，米色(3) 10g/1团

工具

花卡编织机 SK280(4.5mm)，钩针 4/0 号

成品尺寸

胸围 104cm，衣长 43cm，连肩袖长 32cm

编织密度

10cm×10cm 面积内：编织花样 29.5针，55行；配色花样、下针编织均为 29.5针，36行(D=8)

编织要点

●身片、袖子…身片另色线起针后开始编织。编织1行下针后，接着编织拉针花样、配色花样和下针编织。结束时编织1行下针，再编织几行另色线后从编织机上取下织片。袖子先用 D=7 编织4行，翻折成双层后用 D=8 编织1行，接着换线，一边做引返一边编织拉针花样。结束时按与身片相同的要领处理。

●组合…肩部做引拔接合。袖子与身片之间做机器缝合。下摆用钩针做引拔收针。领窝钩织边缘编织。胁部、袖下做挑针缝合。

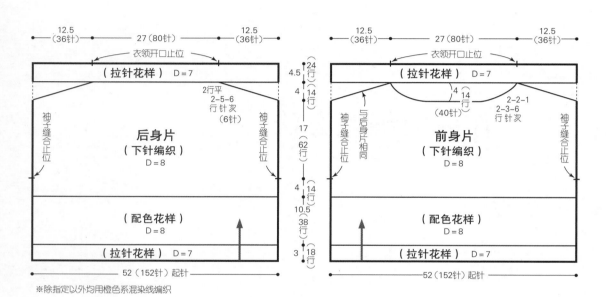

边缘编织

① ②

※第2行在前一行的后侧半针里挑针钩织

后身片（下针编织）D=8

（拉针花样）D=7

（配色花样）D=8

（拉针花样）D=7

12.5（36针） 27（80针） 12.5（36针）

衣领开口止位

2行平 2-5-6 行针次（6针）

袖子缝合止位

52（152针）起针

4.5 24行 / 4 14行 / 17 62行 / 4 14行 / 10.5 38行 / 3 18行

※除指定以外均用橙色系混染线编织

前身片（下针编织）D=8

（拉针花样）D=7

（配色花样）D=8

（拉针花样）D=7

12.5（36针） 27（80针） 12.5（36针）

衣领开口止位

4 14行（40针）

2-2-1 2-3-6 行针次

袖子缝合止位 与后身片相同

52（152针）起针

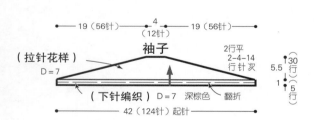

袖子

（拉针花样）D=7

（下针编织）D=7 深棕色 翻折

19（56针） 4（12针） 19（56针）

2行平 2-4-14 行针次

5.5 30行 / 1 5行

42（124针）起针

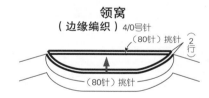

领窝（边缘编织）4/0号针

（80针）挑针 2行

（80针）挑针

拉针花样

□ = □

⚇ = ⚇ = 拉针（1行）

※将边缘针推出至D位置编织

※符号图表示的是挂在编织机上的状态

※使用下针的一面

拉针花样的花卡

23 22 21 20 19 18 17 16 15 14 13 12 11 10 9 8 7 6 5 重复 4 3 2 1

※将凸轮杆调到集圈位置编织

接第191页 ▶

材料
芭贝 Monarca 白色(901) 705g/15 团

工具
棒针8号、6号

成品尺寸
胸围106cm，肩宽42cm，衣长65.5cm

编织密度
10cm×10cm 面积 内：编织花样 A 32针，
31行；编织花样 C 33针，31行

编织要点
●身片…手指起针，编织扭针的单罗纹针。

继续编织桂花针和编织花样A、B、C。口
袋处编入另线。减针时，2针及以上时做伏
针减针，1针时立起侧边1针减针。口袋内
层解开另线挑针，环形编织桂花针。编织终
点休针，做下针缝合。
●组合…肩部做盖针接合，胁部、后背中心
的6行使用毛线缝针做挑针缝合。衣领、袖
窿挑取指定数量的针目，编织扭针的单罗纹
针。编织终点做扭针织下针、上针织上针的
伏针收针。

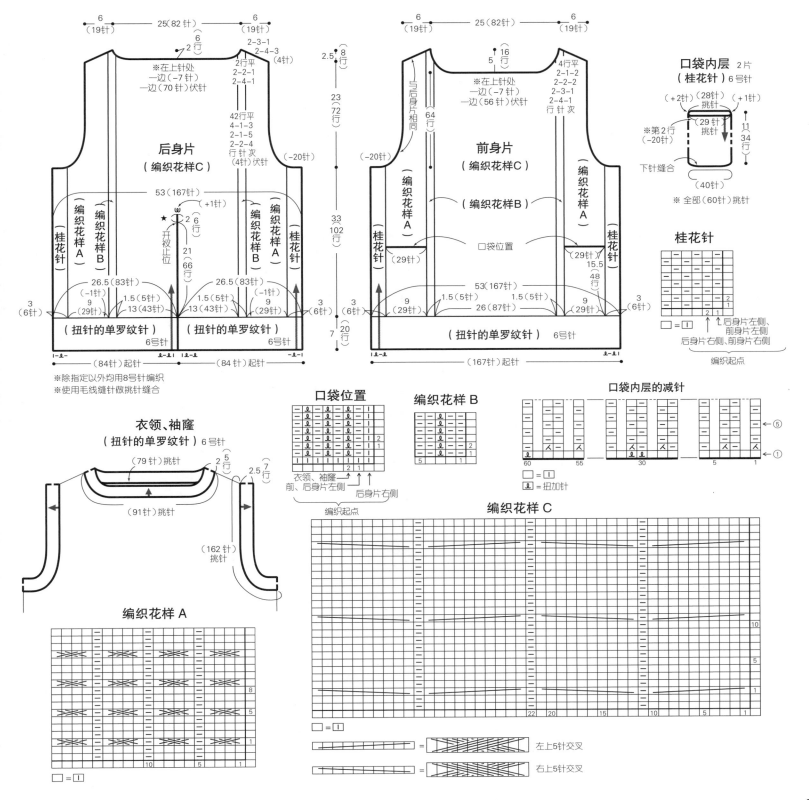

材料
[开衫] 芭贝 幼马海毛(9) 浅褐色(54)
295g/12团；26mm×26mm的纽扣8颗
[套头衫] 芭贝 幼马海毛(9) 浅褐色(54)
130g/6团；直径14mm的纽扣1颗

工具
棒针9号、6号、5号，钩针4/0号

成品尺寸
[开衫] 胸围99cm，肩宽35cm，衣长59cm，
袖长52.5cm
[套头衫] 胸围90cm，衣长52cm，连肩袖长
41.5cm

编织密度
10cm×10cm面积内：编织花样A 18.5针，
22行；下针编织21.5针，26行

编织要点
●开衫…身片、袖子另线锁针起针，做编织
花样A。减针时，2针及以上时做伏针减针，
1针时立起侧边1针减针。袖下加针时，在1
针内侧编织扭针加针。下摆、袖口解开锁针
起针挑针，做编织花样B。编织终点做单罗
纹针收针。肩部做盖针接合，胁部、袖下使
用毛线缝针做挑针缝合。前门襟、衣领挑取
指定数量的针目，做编织花样B'。右前门襟
开扣眼。编织终点和下摆的处理方法相同。
衣袖和身片做引拔接合。缝上纽扣。
●套头衫…下摆另线锁针起针，编织双罗纹
针。编织终点休针。身片从下摆挑针，衣袖
另线锁针起针，做下针编织。胁部减针时，
端头第2针和第3针编织2针并1针。胁部、
袖下加针时，在1针内侧编织右加针、左加
针。袖隆、领窝、袖山减针时，2针及以上时
做伏针减针，1针时立起侧边1针减针。袖
口解开锁针起针挑针，编织起伏针。编织终
点做伏针收针。胁部做挑针缝合和引拔接
合，衣袖和身片做引拔接合和对齐针与行缝
合。袖下使用毛线缝针做挑针缝合。衣领
挑取指定数量的针目，编织起伏针。编织终
点和袖口的处理方法相同。后衣领开口编织
纽襻，然后钩织一行引拔针。缝上纽扣。

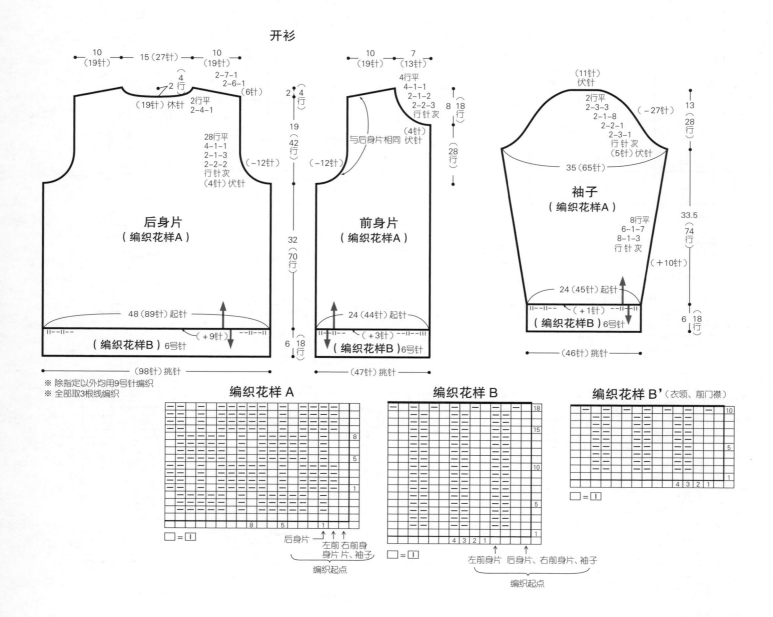

开衫

※ 除指定以外均用9号针编织
※ 全部取3根线编织

编织花样 A   □=□

编织花样 B   □=□

编织花样 B'（衣领、前门襟）   □=□

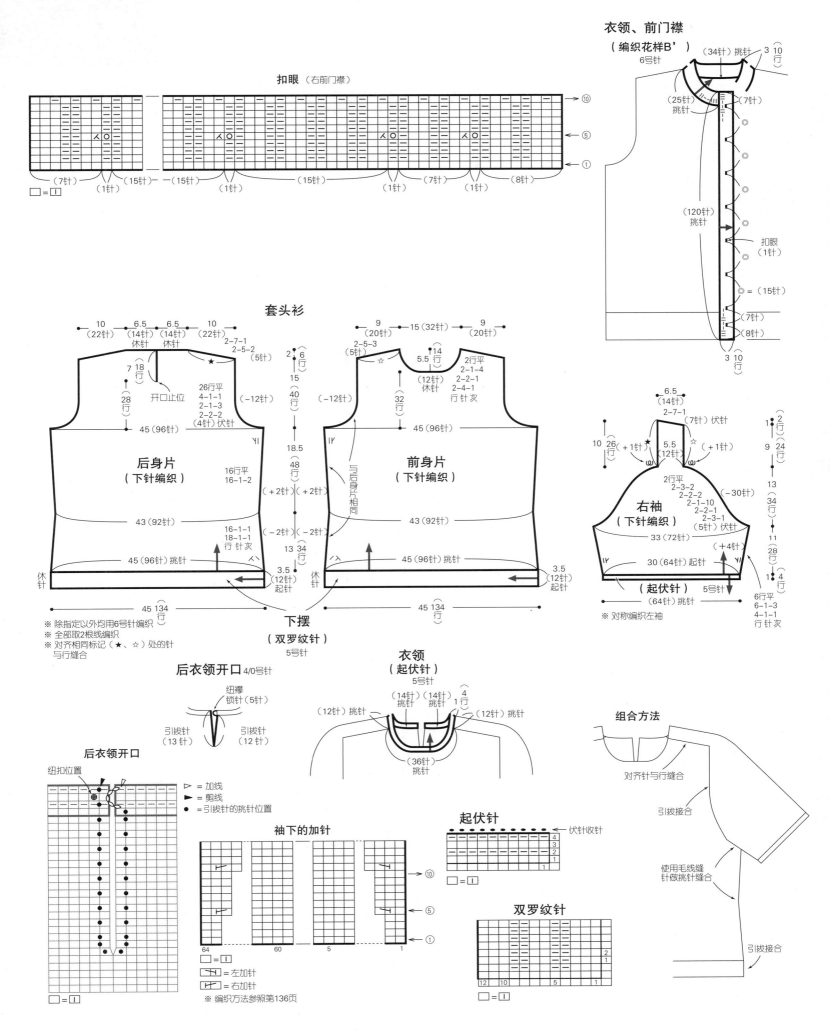

扣眼（右前门襟）

衣领、前门襟（编织花样B'）6号针

套头衫

后身片（下针编织）

前身片（下针编织）

下摆（双罗纹针）5号针

右袖（下针编织）（起伏针）5号针

※ 除指定以外均用6号针编织
※ 全部取2根线编织
※ 对齐相同标记（★、☆）处的针与行缝合

后衣领开口 4/0号针

衣领（起伏针）5号针

组合方法

对齐针与行缝合
引拔接合
使用毛线缝针做挑针缝合
引拔接合

后衣领开口

▷ = 加线
▶ = 剪线
• = 引拔针的挑针位置

袖下的加针

起伏针

双罗纹针

□ = □
↰ = 左加针
↱ = 右加针
※ 编织方法参照第136页

材料
手织屋 Moke Wool B 浅绿色(18) 745g；直径 22mm 的纽扣 7 颗

工具
棒针 8 号、6 号

成品尺寸
胸围 97.5cm，衣长 75.5cm，连肩袖长 73.5cm

编织密度
10cm×10cm 面积内：桂花针 16 针，26 行；
编织花样 20.5 针，26 行

编织要点
●身片、袖子…手指起针，编织双罗纹针、桂花针、编织花样。前身片口袋处编入另线。腋下针目做伏针收针，插肩线参照图示减

针。领窝减针时，2 针及以上时做伏针减针，1 针时立起侧边 1 针减针。袖下加针时，在 1 针内侧编织扭针加针。
●组合…解开另线挑针，编织口袋内层和袋口。袋口的编织终点做下针织下针、上针织上针的伏针收针。插肩线、胁部、袖下使用毛线缝针做挑针缝合，腋下针目做下针缝合。风帽挑取指定数量的针目，做编织花样和桂花针。参照图示编织往返编织和加减针。编织终点休针，做盖针接合。前门襟、风帽边缘挑取指定数量的针目编织双罗纹针。右前门襟开扣眼。编织终点和袋口的处理方法相同。缝上纽扣。

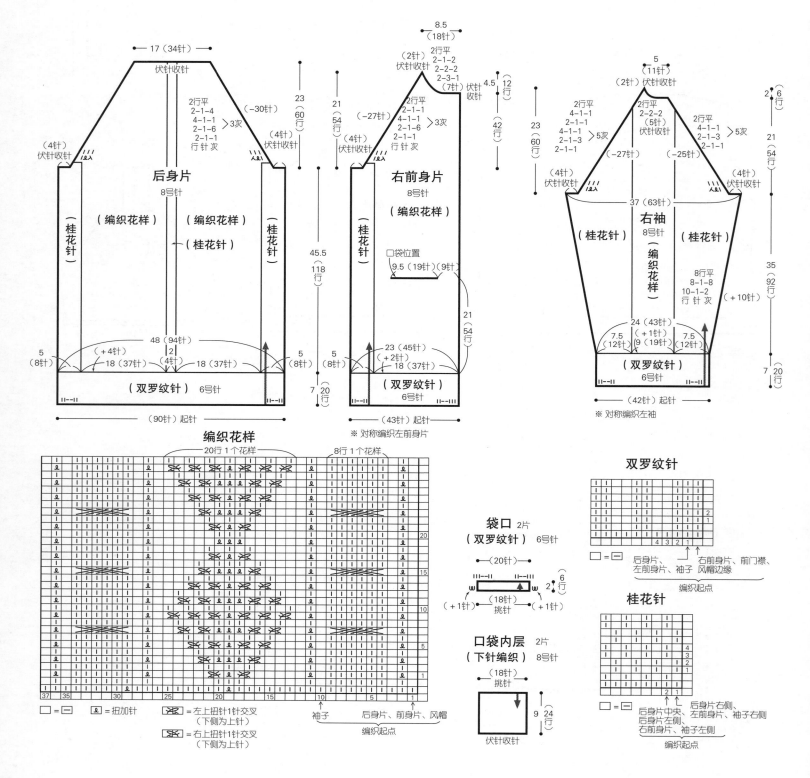

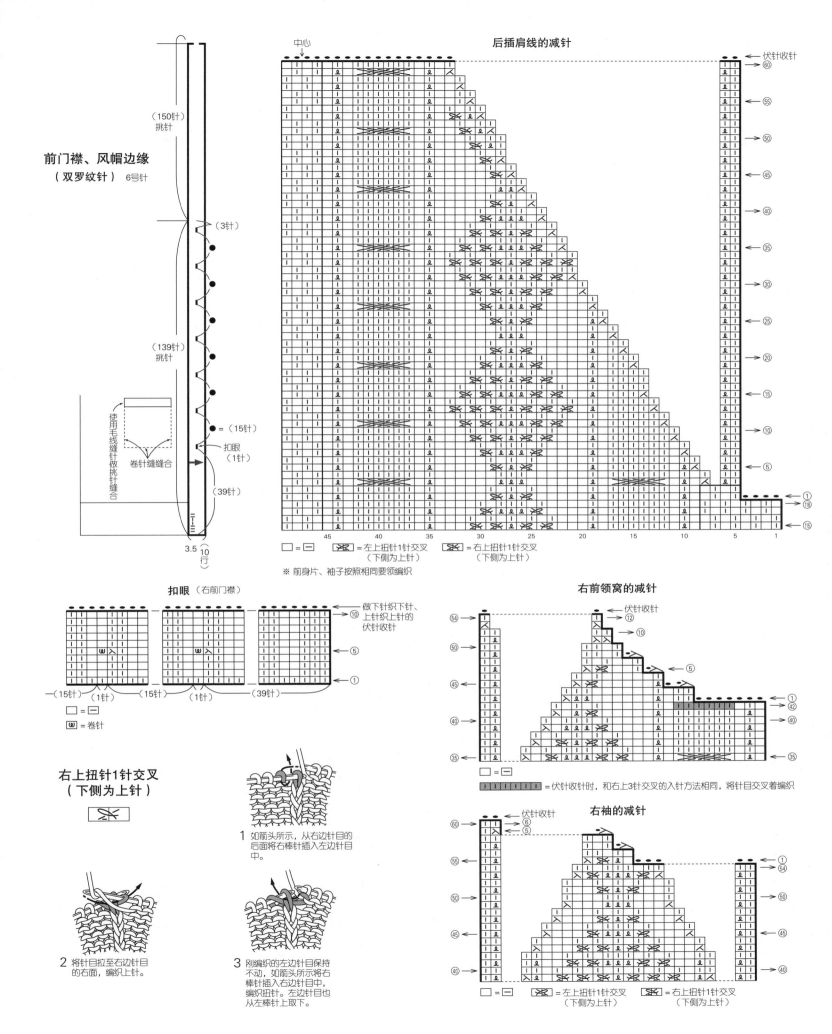

前门襟、风帽边缘
（双罗纹针） 6号针

后插肩线的减针

右前领窝的减针

右袖的减针

扣眼 （右前门襟）

右上扭针1针交叉
（下侧为上针）

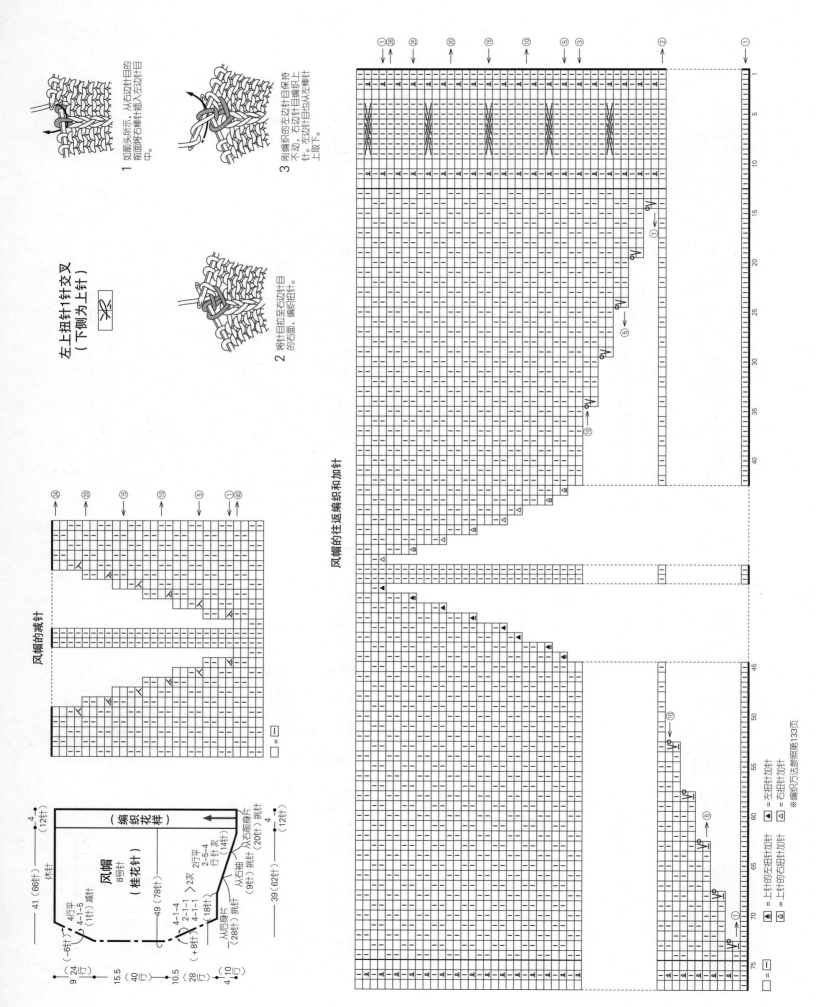

左上扭针1针交叉
（下侧为上针）

1 如箭头所示，从右边针目的前面将右棒针插入左边针目中。

2 将针目拉至右边针目的右面，编织扭针。

3 刚编织的左边针目保持不动，右边针目也从右棒针上取下。左边针目也从左棒针上取下。

风帽的减针

风帽的往返编织和加针

风帽
8号针
（桂花针）

（编织花样）

□ = □

◢ = 上针的左扭针加针　◣ = 左扭针加针
◿ = 上针的右扭针加针　◺ = 右扭针加针

※编织方法参照第133页

材料
手织屋 Moke Wool B 浅灰色(14) 535g；
直径22mm的纽扣7颗

工具
棒针8号、6号

成品尺寸
胸围97.5cm，衣长57.5cm，连肩袖长73.5cm

编织密度
10cm×10cm 面积内：桂花针16针，26行；
编织花样20.5针，26行

编织要点
●身片、袖子…手指起针，编织双罗纹针、桂

花针、编织花样。前身片口袋处编入另线。
腋下针目做伏针收针，插肩线参照图示减
针。领窝减针时，2针及以上时做伏针减针，
1针时立起侧边1针减针。袖下加针时，在1
针内侧编织扭针加针。
●组合…解开另线挑针，编织口袋内层和袋
口。袋口的编织终点做下针织下针、上针织
上针的伏针收针。插肩线、胁部、袖下使用
毛线缝针做挑针缝合，腋下针目做下针缝
合。前门襟、衣领挑取指定数量的针目，编
织双罗纹针。右前门襟开扣眼。编织终点
和袋口的处理方法相同。缝上纽扣。

15 页的作品 ★★★

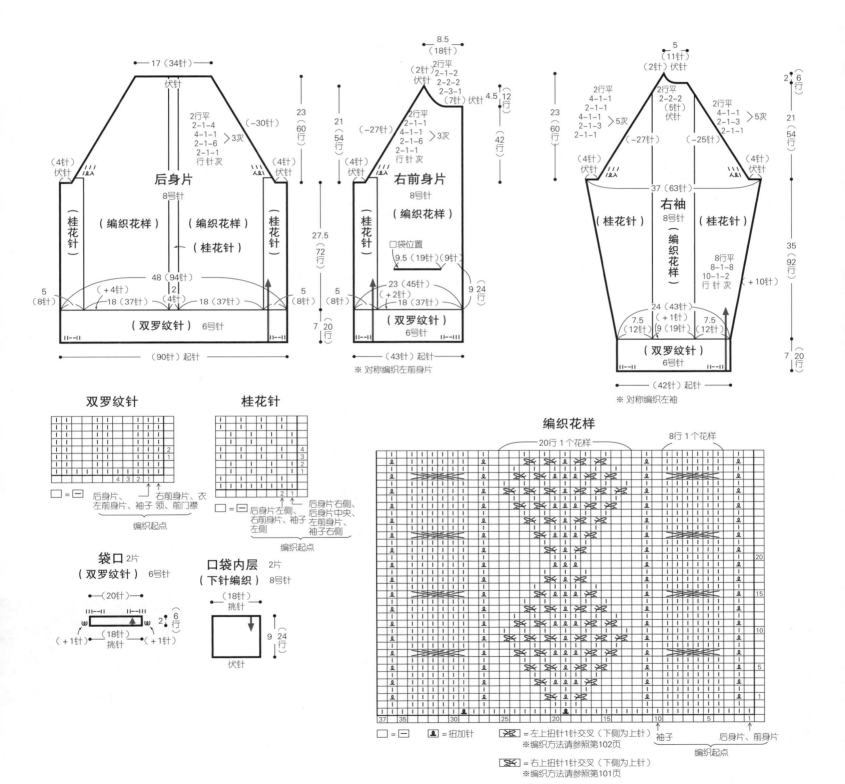

双罗纹针

桂花针

□ = 一 　后身片、
左前身片、袖子、领、前门襟
编织起点

□ = 一 　后身片右侧、
右前身片、袖子
左侧
后身片右侧、
后身片中央、
左前身片、
袖子右侧
编织起点

袋口 2片
（双罗纹针） 6号针

口袋内层 2片
（下针编织） 8号针

编织花样

后身片 8号针
（编织花样）　（编织花样）
（桂花针）
（桂花针）
48（94针）
18（37针）　18（37针）
（双罗纹针） 6号针
（90针）起针

右前身片 8号针
（编织花样）
（桂花针）
□袋位置
9.5（19针）（9针）
23（45针）
18（37针）
（双罗纹针）6号针
（43针）起针
※ 对称编织左前身片

右袖 8号针
（桂花针）（编织花样）（桂花针）
37（63针）
24（43针）
7.5（12针）　9（19针）　7.5（12针）
（双罗纹针）6号针
（42针）起针
※ 对称编织左袖

□ = 一 　　▣ = 扭加针

※编织方法请参照第102页

※编织方法请参照第101页

103

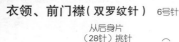

衣领、前门襟（双罗纹针） 6号针

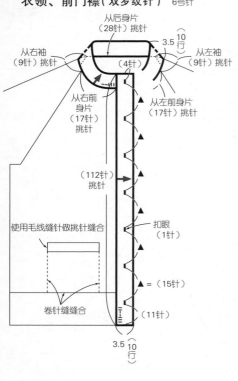

从后身片（28针）挑针
从右袖（9针）挑针 3.5 (10行) 从左袖（9针）挑针
（4针）
从右前身片（17针）挑针 从左前身片（17针）挑针
（112针）挑针
使用毛线缝针做挑针缝合
扣眼（1针）
▲ =（15针）
卷针缝缝合
（11针）
3.5 (10行)

中心 后插肩线的减针 ←伏针收针
60
55
50
45
40
35
30
25
20
15
10
5
1
72
70

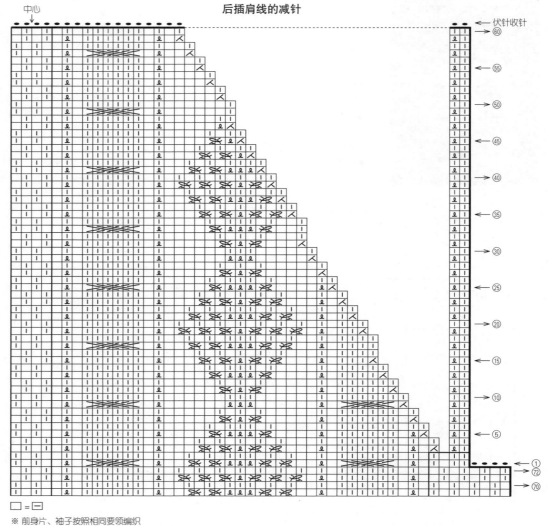

□ = ⊟
※ 前身片、袖子按照相同要领编织

扣眼（右前门襟）

做下针织下针、上针织上针的伏针收针 ⑩
⑤
①
–（15针）（1针）（15针）（1针）（11针）

□ = ⊟
ⓦ = 卷针

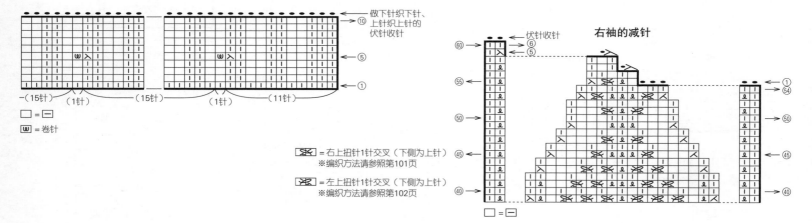

⤬ = 右上扭针1针交叉（下侧为上针）
※编织方法请参照第101页

⤬ = 左上扭针1针交叉（下侧为上针）
※编织方法请参照第102页

右袖的减针
伏针收针
60
⑥
⑤
55
50
45
40
①
54
50
45
40

□ = ⊟

材料
芭贝 Monarca 白色(901) 485g/10 团
工具
棒针8号、7号
成品尺寸
胸围100cm，衣长56.5cm，连肩袖长68cm
编织密度
10cm×10cm面积内：下针编织18针，26.5行；编织花样18针，29行

编织要点
●身片、袖子…手指起针，编织双罗纹针、起伏针、下针编织和编织花样。袖下加针时，在1针内侧编织扭针加针。
●组合…肩部做盖针接合。衣领挑取指定数量的针目，环形编织双罗纹针。编织终点做下针织下针、上针织上针的伏针收针。胁部、袖下使用毛线缝针做挑针缝合。钩织引拔针，将衣袖和身片连在一起。

8 页的作品 ★★

接第106页 ▶

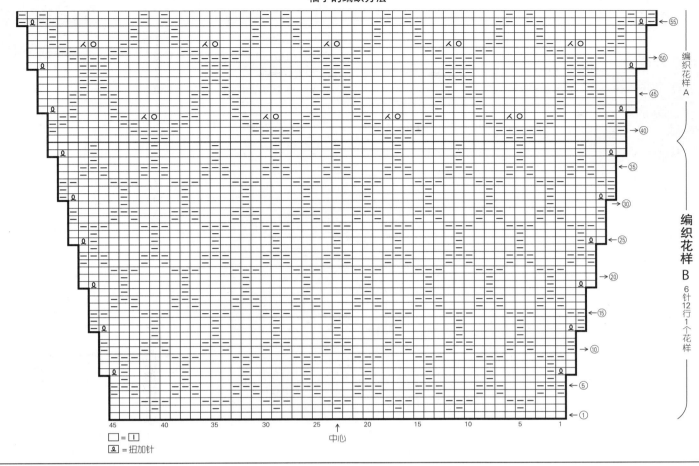

编织花样 A

编织花样 B

6针12行1个花样

← 55
← 50
← 45
← 40
← 35
← 30
← 25
← 20
← 15
← 10
← 5
← 1

45 40 35 30 25 20 15 10 5 1

中心

□ = |

ℒ = 扭加针

◀ 接第104页

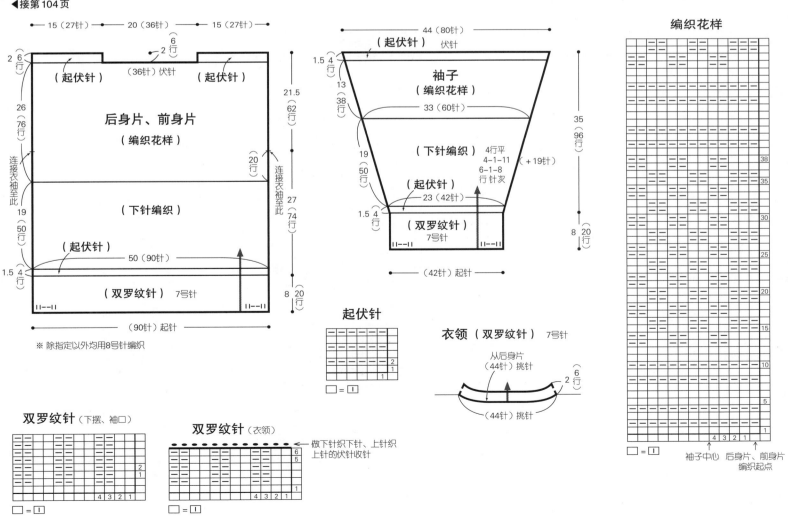

← 15（27针）→ ← 20（36针）→ ← 15（27针）→

2 6行

（起伏针） （36针）伏针 （起伏针）

后身片、前身片
（编织花样）

26 76行

连接衣袖至此 （20行） 连接衣袖至此

19 50行

（下针编织）

（起伏针）

50（90针）

1.5 4行

（双罗纹针） 7号针

|| — — || || — — ||

（90针）起针

21.5（62行）

27（74行）

8（20行）

※ 除指定以外均用8号针编织

44（80针）

（起伏针） 伏针

1.5 4行

13

袖子
（编织花样）

33（60针）

19 38行

（下针编织） 4行平
4-1-11
6-1-8 行 针次 （+19针）

（起伏针）

23（42针）

19 50行

1.5 4行

（双罗纹针）
7号针

|| — — ||

（42针）起针

35（96行）

8（20行）

起伏针

□ = |

衣领（双罗纹针） 7号针

从后身片
（44针）挑针

2 6行

（44针）挑针

双罗纹针（下摆、袖口）

□ = | 4 3 2 1

双罗纹针（衣领）

做下针织下针、上针织
上针的伏针收针

□ = | 4 3 2 1

编织花样

□ = |

38
35
30
25
20
15
10
5
1

4 3 2 1

袖子中心 后身片、前身片
编织起点

105

材料
芭贝 Monarca 藏青色（906）515g/11团
工具
棒针10号、8号
成品尺寸
胸围106cm，衣长59cm，连肩袖长70cm
编织密度
10cm×10cm面积内：编织花样A、B和下针编织均为18.5针、24行
编织要点
●身片、袖子…另线锁针起针，身片做编织花样A和下针编织，袖子做编织花样A、B。领窝减针时，2针及以上时做伏针减针，1针时立起侧边1针减针。袖下加针时，在1针内侧编织扭针加针。下摆、袖口解开锁针起针挑针，编织单罗纹针。编织终点做单罗纹针收针。
●组合…肩部做盖针接合。衣领挑取指定数量的针目，环形编织单罗纹针。编织终点和下摆的处理方法相同。衣袖对齐针与行与身片缝合。胁部、袖下使用毛线缝针做挑针缝合。

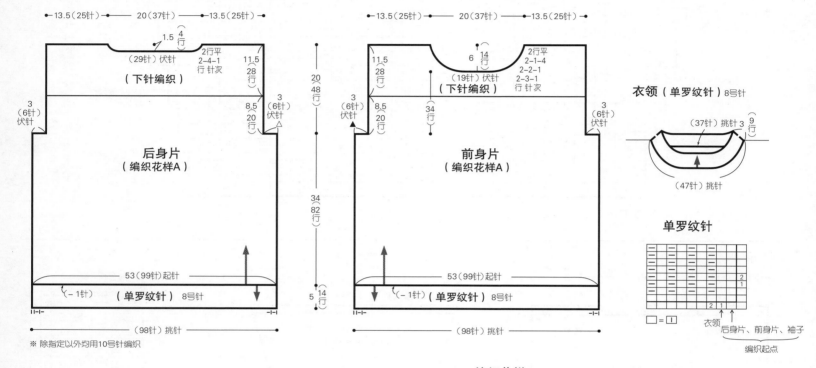

編織花样A

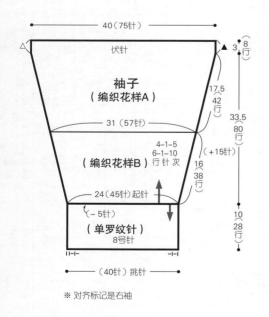

※ 对齐标记是右袖

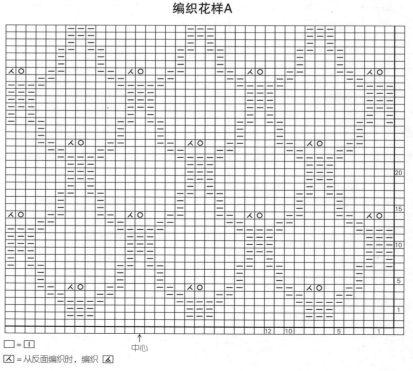

※ 除指定以外均用10号针编织

◀ 接第105页

材料
手织屋 Wool N 原白色(29) 455g；直径 18mm 的纽扣 5 颗

工具
棒针 6 号、4 号

成品尺寸
胸围 96.5cm，衣长 62cm，连肩袖长 73cm

编织密度
10cm×10cm 面积内：下针编织 19.5 针，26.5 行

编织要点
●身片、袖子…另线锁针起针，编织下针编织。插肩线、前领窝减针时，立起侧边 4 针减针。其他地方减针时，2 针及以上时做伏针减针，1 针时立起侧边 1 针减针。口袋处编入另线。袖下加针时，在 1 针内侧编织扭针加针。解开另线挑针，编织口袋内层和袋口。袋口的编织终点做单罗纹针收针。下摆解开锁针起针挑针，编织单罗纹针。编织终点和袋口的处理方法相同。

●组合…插肩线、胁部、袖下使用毛线缝针做挑针缝合，对齐○标记处的针与行缝合，●标记处钩织引拔针接合，腋下针目做下针缝合。衣领、前门襟手指起针，编织单罗纹针。右前门襟开扣眼。编织终点和袋口的处理方法相同。衣领、前门襟和身片缝合时，使用挑针缝合和对齐针与行缝合的方法。缝上纽扣。

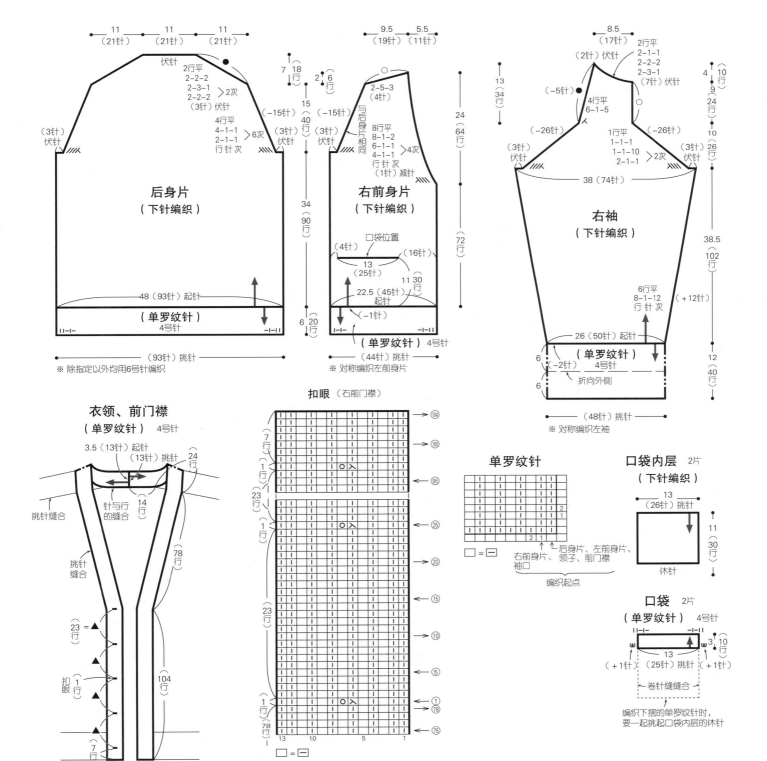

后身片（下针编织）

右前身片（下针编织）

右袖（下针编织）

衣领、前门襟（单罗纹针）4 号针

扣眼（右前门襟）

单罗纹针

口袋内层 2 片（下针编织）

口袋 2 片（单罗纹针）4 号针

材料
手织屋 T Honey Wool 褐色(18) 335g
工具
棒针7号
成品尺寸
胸围144cm，衣长57.5cm，连肩袖长72cm
编织密度
10cm×10cm面积内：下针编织、上针编织均
为16.5针，25行
编织要点
●身片、袖子、育克…后身片手指起针，做下
针编织，注意第2行要参照图示编织上针。

编织14行后，和前身片连在一起做环形编
织。前身片的第2行和后身片相同，编织上
针。下针编织完成后，做上针编织和编织花
样。袖子和身片的起针方法相同，环形做下
针编织、上针编织、编织花样。袖下参照图
示编织加针。育克从身片和袖子挑针，环形
做上针编织、编织花样。参照图示编织减针
和领窝处的往返编织。
●组合…衣领从育克挑取指定数量的针目，
编织起伏针和编织花样。编织终点做上针的
伏针收针。腋下针目做盖针接合。

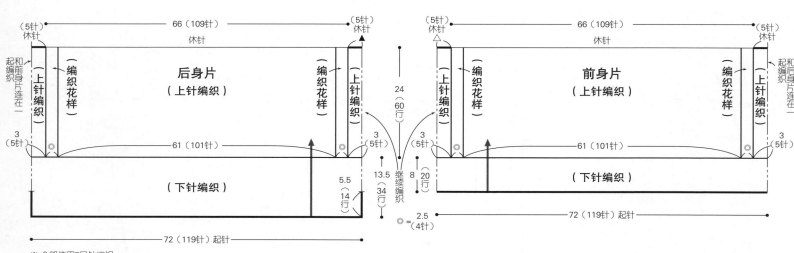

※ 全部使用7号针编织

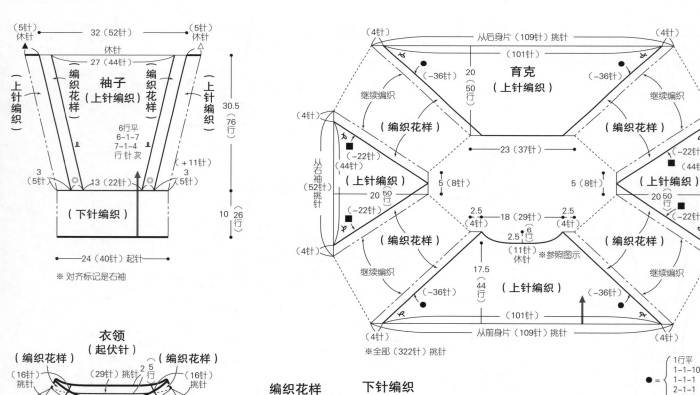

衣领（起伏针）

编织花样

下针编织

□ = □

袖下的加针

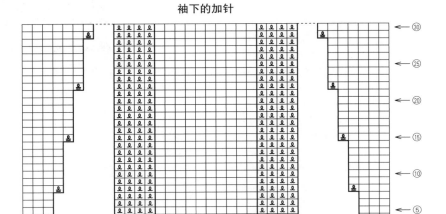

□ = □　⊥ = 上针的扭针加针　↑ 袖下

育克的减针

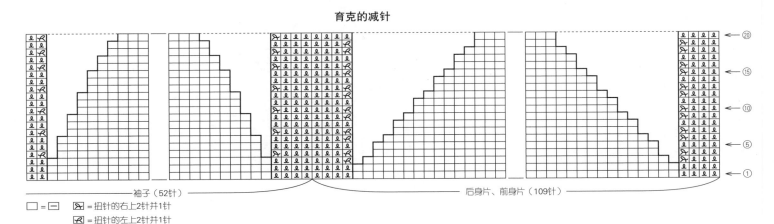

└─ 袖子（52针）─┘　└─ 后身片、前身片（109针）─┘

□ = □
⋏ = 扭针的右上2针并1针
⋏ = 扭针的左上2针并1针
※ 编织方法参照第120页

衣领的编织方法

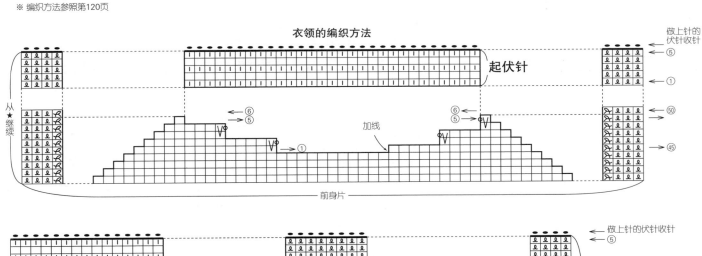

起伏针

做上针的伏针收针

从★继续

加线

└── 前身片 ──┘

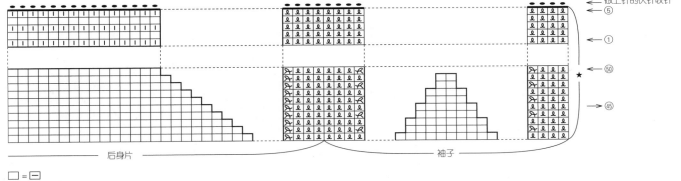

做上针的伏针收针

└── 后身片 ──┘　└── 袖子 ──┘

□ = □

材料
内藤商事 Baby Love 褐色（1626）630g/13
团，紫色（1610）35g/1团
工具
棒针5号、4号
成品尺寸
胸围106cm，衣长71.5cm，连肩袖长79cm
编织密度
10cm×10cm面积内：桂花针19针，32行；
编织花样B 21.5针，32行；编织花样C 22针，
33行；编织花样A 19针7cm，32行10cm
编织要点
●身片、袖子…手指起针，编织单罗纹针。身

片编织桂花针和编织花样A、B，袖子做编织
花样C、桂花针。口袋处编入另线。胁部减针
时，端头第2针和第3针编织2针并1针。插
肩线、前领窝减针时，立起侧边2针减针。袖
下加针时，在1针内侧编织扭针加针。袋口解
开另线挑针，编织单罗纹针。编织终点做单罗
纹针收针。口袋内层做下针编织，编织终点做
伏针收针。
●组合…插肩线、胁部、袖下以及袋口的两侧使
用毛线缝针做挑针缝合，腋下针目做下针缝合。
衣领挑取指定数量的针目，编织单罗纹针条纹。
编织终点和袋口的处理方法相同。口袋内层缝
合在身片上时，注意不要影响到正面。

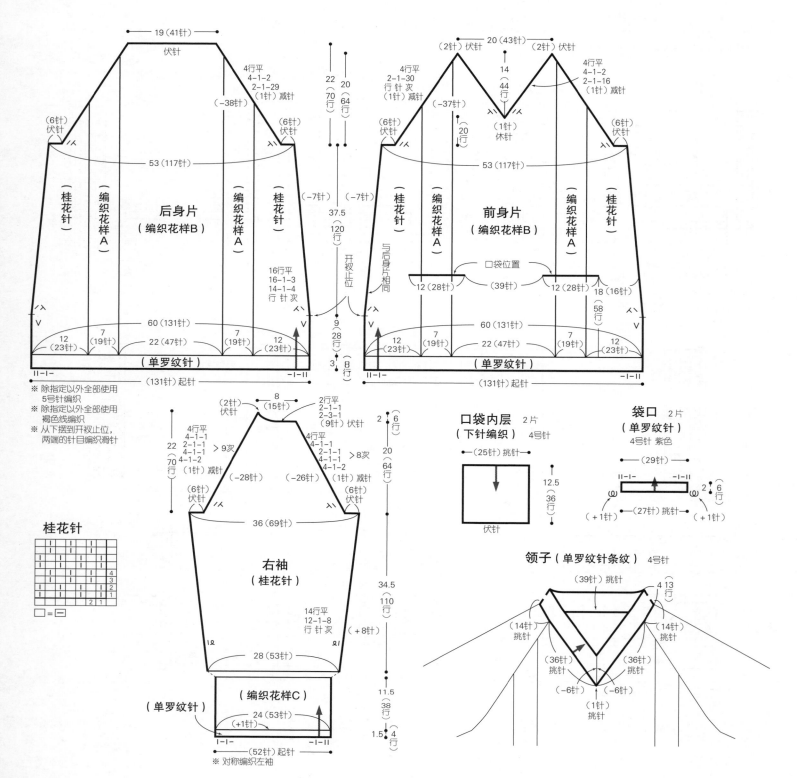

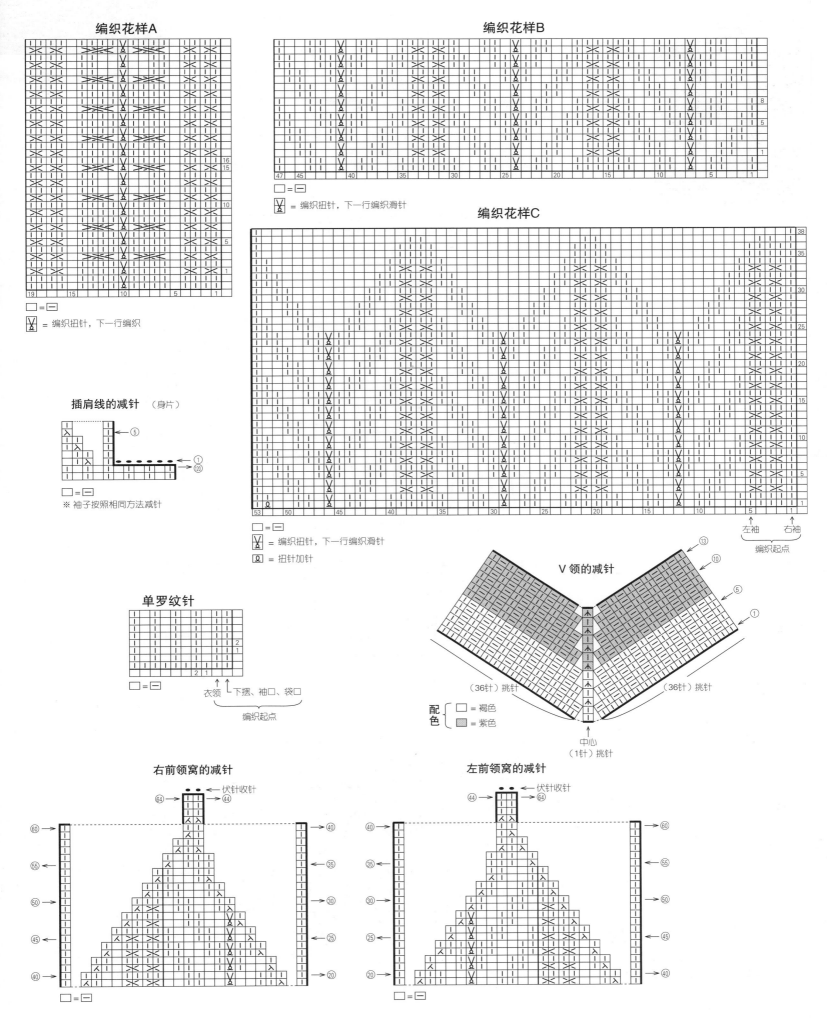

编织花样A

编织花样B

编织花样C

□ = □

☒ = 编织扭针，下一行编织滑针

□ = □

☒ = 编织扭针，下一行编织

插肩线的减针 （身片）

□ = □

※ 袖子按照相同方法减针

□ = □

☒ = 编织扭针，下一行编织滑针

Ω = 扭针加针

左袖　右袖

编织起点

单罗纹针

□ = □

衣领　下摆、袖口、袋口

编织起点

V 领的减针

（36针）挑针　　　（36针）挑针

配色 { □ = 褐色　▨ = 紫色 }

中心
（1针）挑针

右前领窝的减针

伏针收针

□ = □

左前领窝的减针

伏针收针

□ = □

材料

内藤商事 Everyday Norwegia 浅褐色（425）
670g/7 团；直径 25mm 的纽扣 6 颗

工具

棒针 7 号、5 号

成品尺寸

胸围 128cm，肩宽 44cm，衣长 73cm，袖长
59cm

编织密度

10cm×10cm 面积内：桂花针 20 针，29.5 行；
编织花样 21 针，29.5 行

编织要点

●身片、袖子…手指起针，编织单罗纹针、桂
花针、编织花样。口袋处编入另线。胁、袖

下加针时，在 1 针内侧编织扭针加针。袖窿、
领窝减针时，2 针及以上时做伏针减针，1
针时立起侧边 2 针减针。袖山参照图示编织
减针。从口袋位置挑针，袋口编织单罗纹针。
编织终点做单罗纹针收针。口袋内层做下针
编织，编织终点做伏针收针。

●组合…肩部做盖针接合，胁部、袖下以及
袋口的侧面使用毛线缝针做挑针缝合，腋下
针目做下针缝合，口袋内层缝合时不要影响
到正面。前门襟、衣领挑取指定数量的针目，
编织单罗纹针。左前门襟开扣眼。编织终点
和袋口的处理方法相同。衣袖和身片缝合时，
使用下针缝合、挑针缝合和对齐针与行缝合
的方法。缝上纽扣。

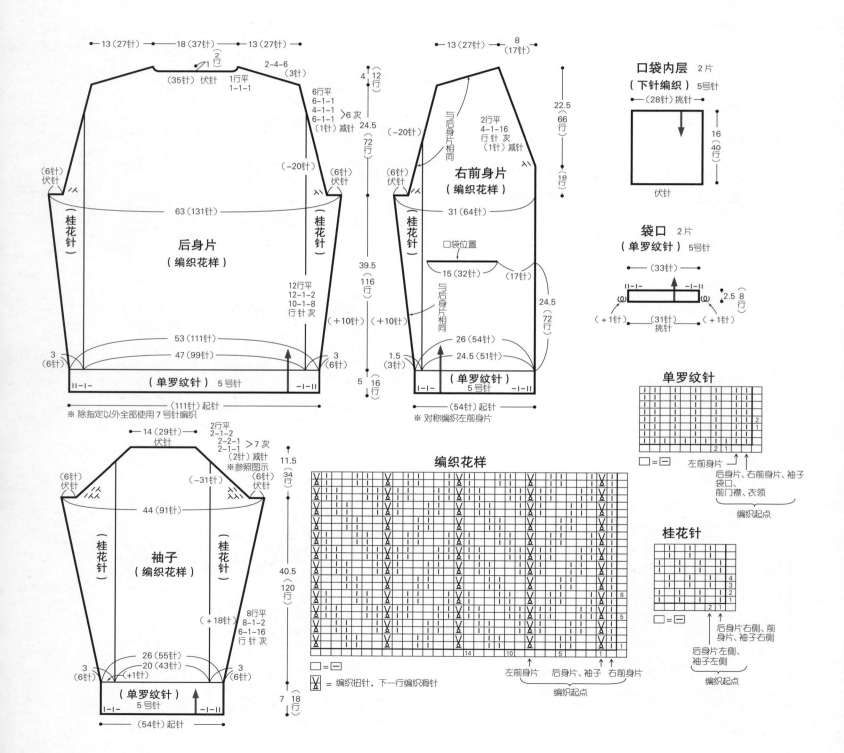

袖山的减针

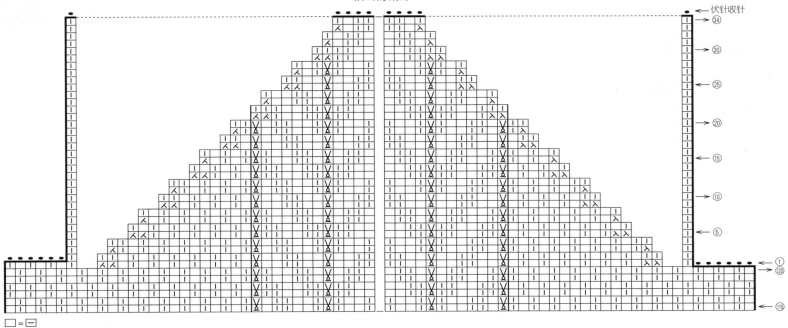

伏针收针
34
30
25
20
15
10
5
1
120
115

□ = ⊡

前门襟、衣领（单罗纹针）5号针

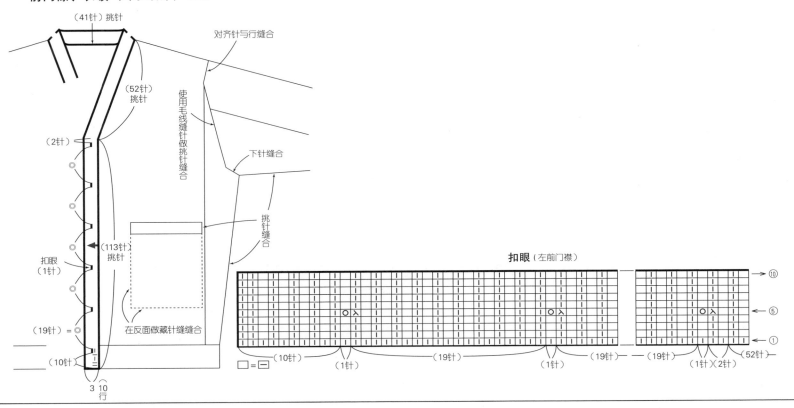

（41针）挑针

对齐针与行缝合

（52针）挑针

使用毛线缝针做挑针缝合

下针缝合

（2针）

挑针缝合

（113针）挑针

扣眼（1针）

在反面做藏针缝缝合

（19针）= ⊙

（10针）

3 10 行

扣眼（左前门襟）

10
5
1

□ = ⊡

（10针）（1针）（19针）（1针）（19针）（19针）（1针）（2针）（52针）

横向渡线编织短针的配色花样

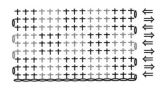

第1行
配色线
底色线

1 引拔底色线最后一针时，加入配色线后开始编织。

2 配色线的第1针将底色线和配色线的线头一起挑起，拉出配色线。

3 包住底色线和配色线，用配色线钩织短针。

4 引拔配色线最后一针时，换为底色线。

5 下次换成配色线时，按照步骤1的方法替换。

6 编织至端头，下一行立织1针，翻转织片。

第2行（反面）

7 编织起点处将配色线放在前面，用底色线包住配色线钩织短针。重复编织。

113

材料
NV毛线NAMIBUTO 藏青色520g/13团

工具
棒针6号、5号

成品尺寸
胸围104cm，衣长63cm，连肩袖长72cm

编织密度
10cm×10cm面积内：编织花样B 24针，31行；下针编织23.5针，31行

编织要点
●身片、袖子…身片手指起针，做编织花样

A、B。领窝减针时，2针及以上时做伏针减针，1针时立起侧边1针减针。肩部做盖针接合。袖子从身片挑针，做下针编织和编织花样B。袖下减针时，端头第2针和第3针编织2针并1针。接着，袖口做编织花样A。编织终点一边继续做编织花样，一边做伏针收针。
●组合…胁部、袖下使用毛线缝针做挑针缝合。衣领挑取指定数量的针目，做编织花样A，编织终点松松地做伏针收针。将衣领折向内侧，将伏针和领窝做卷针缝缝合。

21 页的作品 ★★

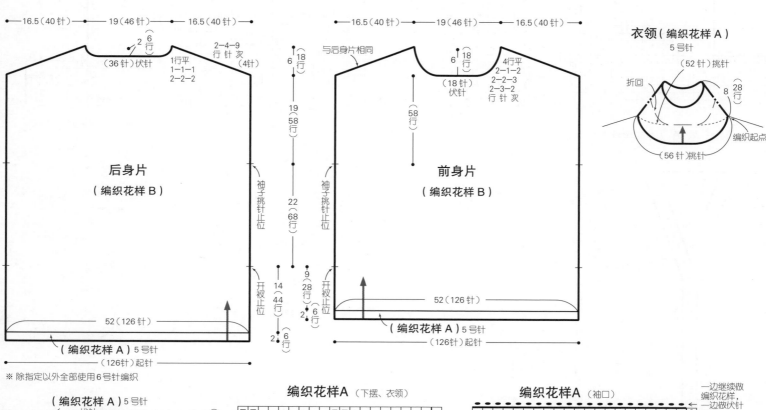

衣领（编织花样A）
5号针

编织花样A（下摆、衣领）

编织花样A（袖口）

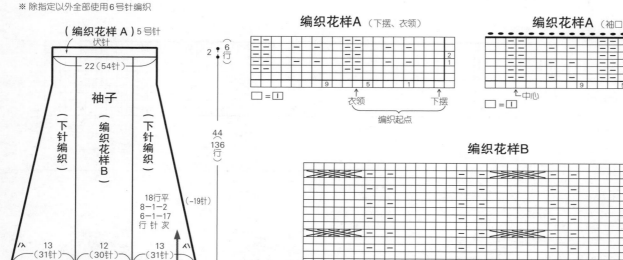

编织花样B

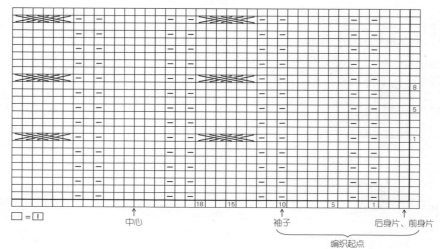

※除指定以外全部使用6号针编织

材料
NV毛线MOHAIR 浅紫色(111) 120g/6团；
LOOP白绢色(201) 100g/4团
工具
棒针8号、6号
成品尺寸
胸围132cm，衣长53.5cm，连肩袖长67cm
编织密度
10cm×10cm面积内：编织花样B、条纹花样B均为19针，27行；下针条纹17针，27行
编织要点
●身片、袖子…取2根MOHAIR线、1根

LOOP线编织。身片手指起针，做编织花样A，然后做条纹花样B和编织花样B。领窝减针时，2针及以上时做伏针减针，1针时立起侧边1针减针。肩部做盖针接合。衣袖从身片挑针，编织下针条纹和条纹花样B。袖下减针时，端头第2针和第3针编织2针并1针。接着，袖口做编织花样A。编织终点一边继续做编织花样，一边做伏针收针。

●组合…胁部、袖下使用毛线缝针做挑针缝合。衣领挑取指定数量的针目，环形编织起伏针。编织终点做伏针收针。

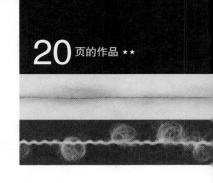

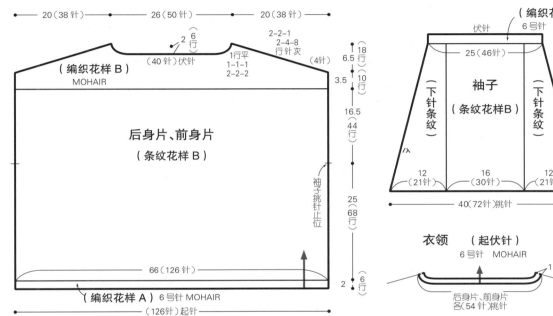

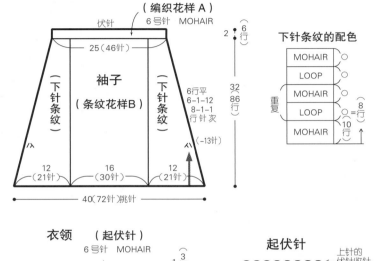

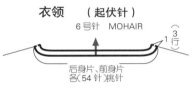

※取2根MOHAIR线、1根LOOP线编织
※除指定以外全部使用8号针编织

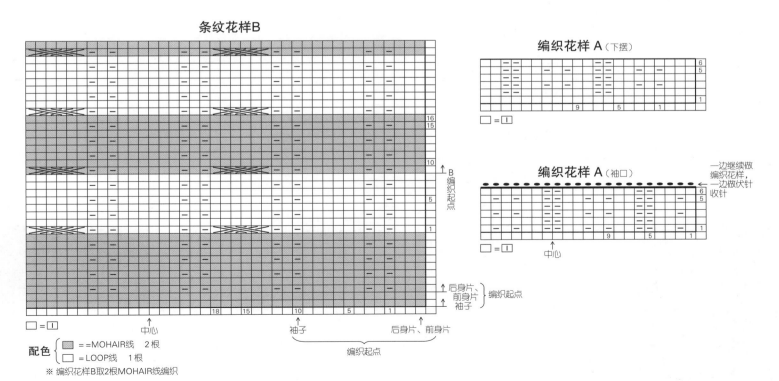

条纹花样B

编织花样A（下摆）

编织花样A（袖口）
一边继续做编织花样，一边做伏针收针

□=回

配色 {
　▨=MOHAIR线　2根
　□=LOOP线　1根
}
※编织花样B取2根MOHAIR线编织

材料

Ski毛线 Ski Lana melange 藏青色(2826)
245g/9团

工具

棒针6号、4号

成品尺寸

胸围94cm，肩宽35cm，衣长58cm

编织密度

10cm×10cm面积内：桂花针24针，27行；
编织花样31针，27行

编织要点

●身片…另线锁针起针，后身片编织桂花针，

前身片编织桂花针和编织花样。减针时，2
针及以上时做伏针减针，1针时立起侧边1
针减针。

●组合…肩部由于前、后身片的针数不同，前
身片的针目重叠1针做盖针接合，胁部使用
毛线缝针做挑针缝合。下摆解开锁针起针
挑针，环形编织单罗纹针。编织终点做单罗
纹针收针。衣领、袖窿挑取指定数量的针目，
环形编织单罗纹针。编织终点和下摆的处理
方法相同。

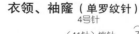

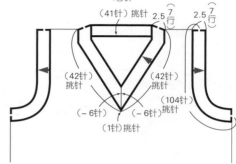

衣领、袖窿（单罗纹针）

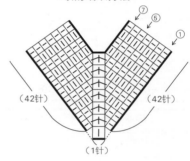

V领的编织方法

编织花样

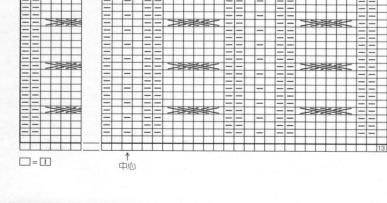

单罗纹针　　桂花针

※ 除指定以外全部使用6号针编织

后身片（桂花针）

前身片（编织花样）

（桂花针）

（单罗纹针）4号针

材料

Ski毛线 Ski Lana melange 砖红色(2825)
150g/5团，藏青色(2826)40g/2团，浅粉色
(2821)20g/1团

工具

棒针7号、5号

成品尺寸

衣长34cm

编织密度

白桦编织　1个织块对角线的长度为5cm。

10cm×10cm面积内：下针编织20针，26.5
行

编织要点

●身片…下摆参照第38页，前、后身片连在
一起环形编织白桦编织。身片从白桦编织上
挑取指定数量的针目，环形做编织花样A、
B和下针编织。参照图示编织分散减针。

●组合…衣领从身片挑针，做编织花样C。
编织终点做下针织下针、上针织上针的伏针
收针。

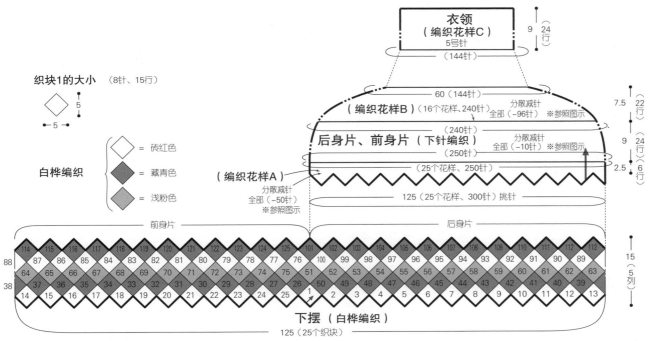

织块1的大小 （8针、15行）

5
5

白桦编织

□ = 砖红色
◆ = 藏青色
◆ = 浅粉色

衣领
（编织花样C）
5号针
（144针）

9 (24行)

60（144针）
（编织花样B）（16个花样、240针） 全部（-96针） ※参照图示
分散减针

7.5 (22行)

（240针）
后身片、前身片（下针编织） 全部（-10针） ※参照图示
分散减针

（250针）
（编织花样A）（25个花样、250针）

9 (24行)
2.5 (6行)

分散减针
全部（-50针）
※参照图示

125（25个花样、300针）挑针

前身片 | 后身片

15 (5列)

| 88 | 114 | 115 | 86 | 116 | 117 | 84 | 118 | 83 | 82 | 121 | 80 | 79 | 78 | 124 | 77 | 76 | 100 | 102 | 99 | 98 | 105 | 97 | 96 | 106 | 95 | 94 | 108 | 93 | 92 | 91 | 111 | 90 | 112 | 89 | 113 |

（织块内数字：87、86、85、84、83、82、81、80、79、78、77、76、51、100、99、98、97、96、95、94、93、92、91、90、89）

38

下摆（白桦编织）

125（25个织块）

※ 除指定以外均用7号针编织
※ 除指定以外均用砖红色线编织
※ 织块内的数字表示编织顺序

白桦编织

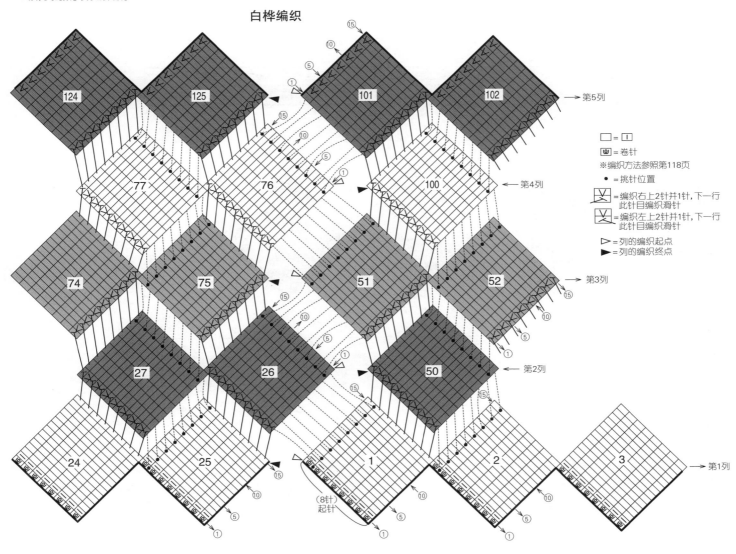

第5列
第4列
第3列
第2列
第1列

□ = 回
W = 卷针
※编织方法参照第118页
● = 挑针位置
= 编织右上2针并1针，下一行此针目编织滑针
= 编织左上2针并1针，下一行此针目编织滑针
▷ = 列的编织起点
▶ = 列的编织终点

（8针）起针

后身片、前身片的分散减针

做下针织下针、上针织上针的伏针收针

编织花样C
6针1个花样

= 右上4针交叉

= 左上5针交叉

= 右上5针和4针的交叉

编织花样B

(-48针)(144针)
(-48针)(192针)
(240针)
重复

下针编织

(-10针)(240针)
(250针)

编织花样A

(-50针)(250针)
(300针)
重复
编织起点

□ = □
△ = 右扭针
▲ = 左扭针
※扭针方法参照第133页
• = 挑针位置
▷ = 列的编织起点
► = 列的编织终点

124　125　101　102

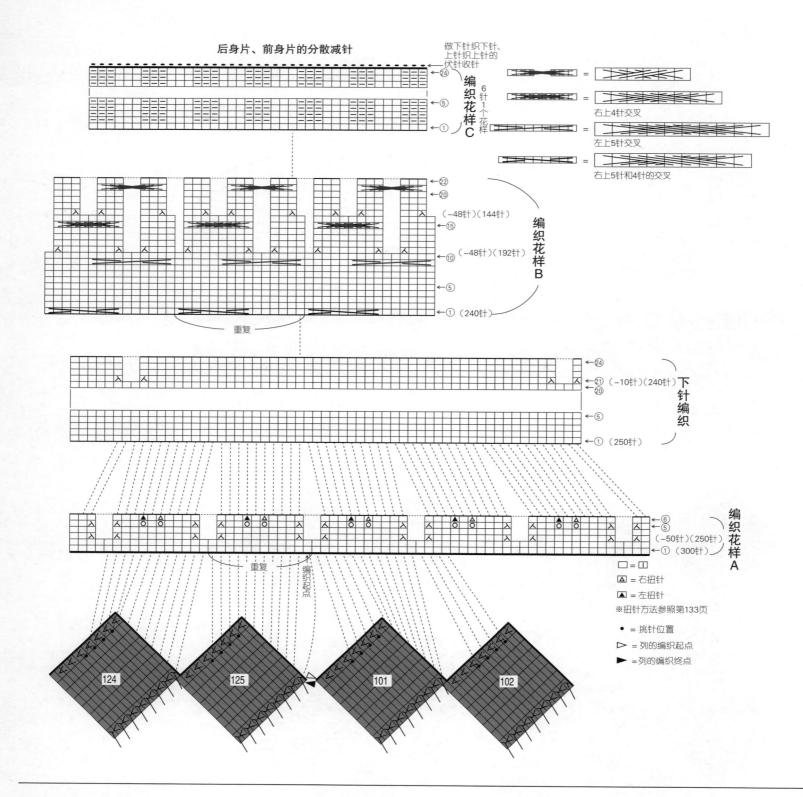

卷针加针（2针以上时）

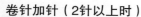

1 重复"食指挂线,插入棒针,抽出食指"至所要加针的针数。

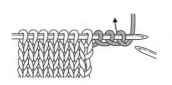
2 翻到正面,如箭头所示插入右棒针编织下针。剩下的2针也按照相同方法编织。

3 和步骤1相同,食指挂线,然后插入棒针。

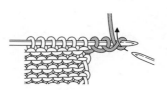
4 翻到反面,如箭头所示插入右棒针编织上针。剩下的2针也按照相同方法编织。

材料
Ski毛线 Ski Lana melange 芥末色(2822)
455g/16团

工具
棒针6号、5号

成品尺寸
胸围111cm,肩宽43cm,衣长60.5cm,袖长51.5cm

编织密度
10cm×10cm面积内:下针编织23针,29.5行;编织花样31针,29.5行

编织要点
●身片、袖子…手指起针,编织双罗纹针。后身片和袖子做下针编织,前身片做下针编织和编织花样。减针时,2针及以上时做伏针减针,1针时立起侧边1针减针。袖下加针时,在1针内侧编织扭针加针。

●组合…肩部由于前、后身片的针数不同,前身片的针目重叠3针做盖针接合,胁部、袖下使用毛线缝针做挑针缝合。衣领挑取指定数量的针目,环形编织双罗纹针。编织终点做下针织下针、上针织上针的伏针收针。

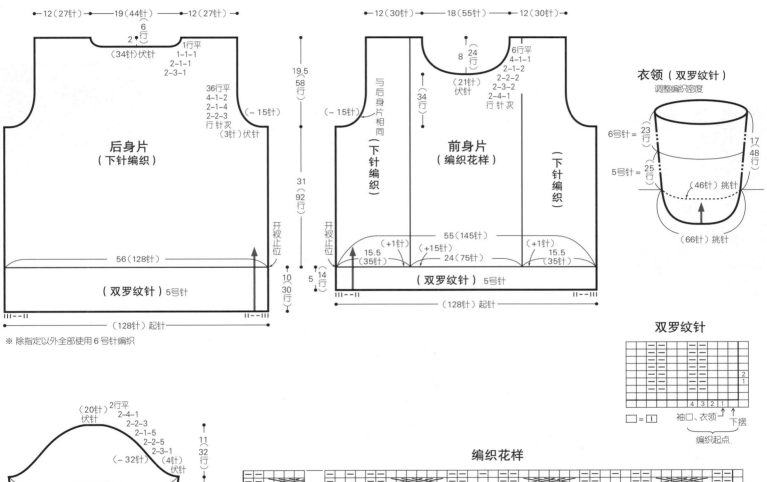

后身片(下针编织)

前身片(编织花样)

衣领(双罗纹针)

袖子(下针编织)

※ 除指定以外全部使用6号针编织

双罗纹针

□ = □ 袖口、衣领 下摆

编织起点

编织花样

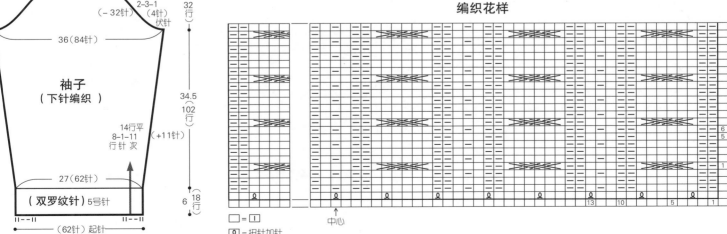

□ = □
Ω = 扭针加针

中心

扭针的右上2针并1针

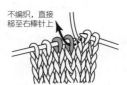

1 从右侧针目的后侧入针，不编织，直接移至右棒针上。

2 将右棒针插入左侧的针目中，挂线后拉出，编织下针。

3 使用移至右棒针上的针目盖住刚刚编织的针目。

4 扭针的右上2针并1针完成。

扭针的左上2针并1针

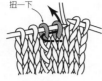

1 将左边的针目扭一下。按照图示插入右棒针。

2 挂线并拉出来，2针一起编织下针。

3 扭针的左上2针并1针完成。

材料
芭贝 Pena 灰色系段染（309）165g/2 团
工具
棒针10号
成品尺寸
宽39cm，长130cm

编织密度
白桦编织　1个织块对角线的长度为13cm
编织要点
●卷针起针，参照图示编织白桦编织。编织终点做伏针收针。

30 页的作品 ★★★

披肩
（白桦编织）

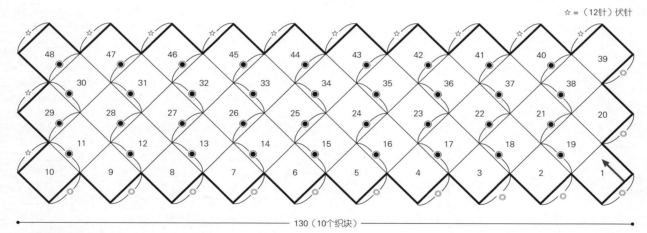

☆ =（12针）伏针

◎ =（12针）起针
● =（12针）挑针

※全部使用10号针编织
※织块内的数字表示编织顺序

1个织块的大小

12针、23行
（基本）

白桦编织

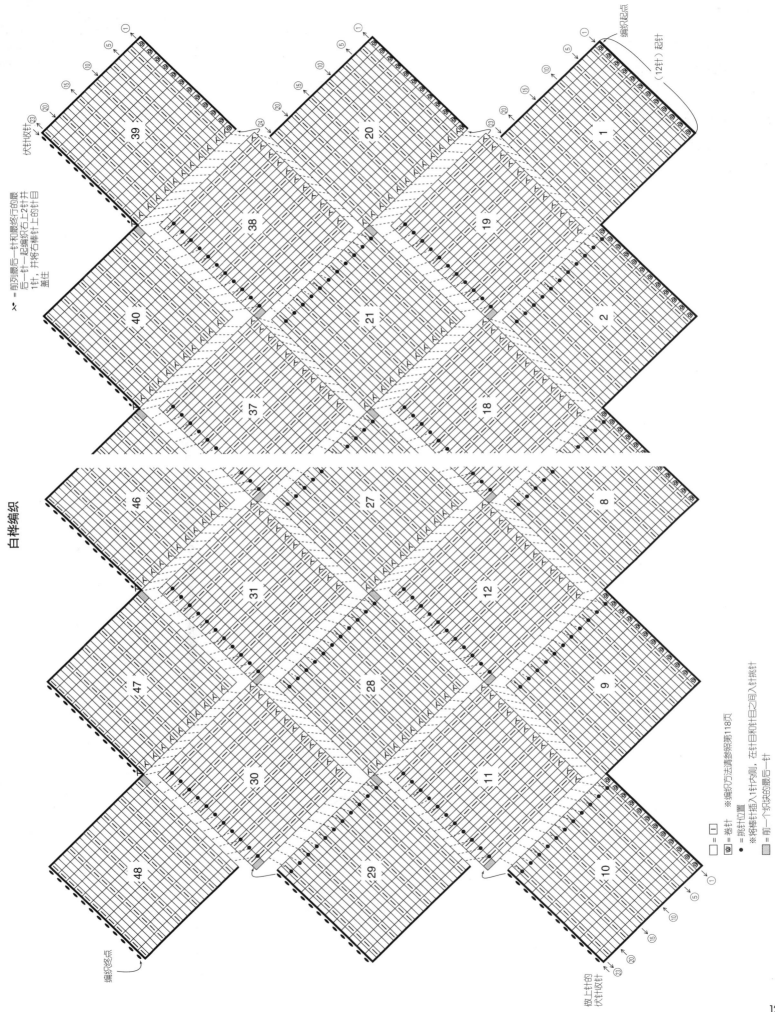

人 = 前列最后一针和最终行的最后一针一起编织右上2针并1针,并将右棒针上的针目盖住

□ = □ 下针 ※编织方法清参照第118页
囮 = 卷针
● = 挑针位置
※将棒针插入针内侧,在针目和针目之间入针挑针
▨ = 前一个织片织的最后一针

材料
芭贝 Julika Mohair 浅粉色(302) 80g/2 团,
灰粉色(311) 75g/2 团
工具
棒针9号
成品尺寸
宽39cm,长130cm
编织密度
花片大小请参照图示

编织要点
●参照图示,用连接花片的方法钩织。钩织第1~10片时,花片手指起针钩织,编织终点将线头穿入最终行的针目中后收紧。从第11片开始,参照编织顺序图,从先前钩织的花片上挑针钩织。花片D组合手指起针和挑针,花片R组合挑针和卷针。边缘在指定位置编织起伏针。编织终点做伏针收针。

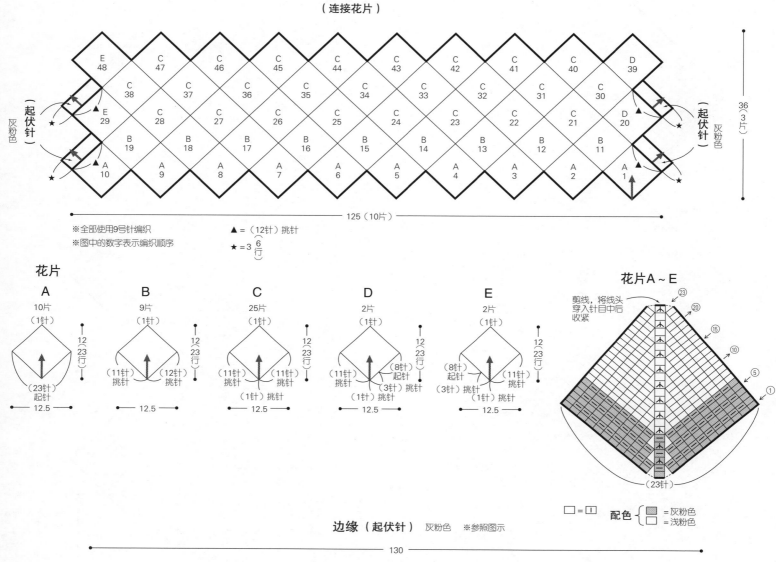

披肩
(连接花片)

花片

花片A~E

边缘(起伏针) 灰粉色 ※参照图示

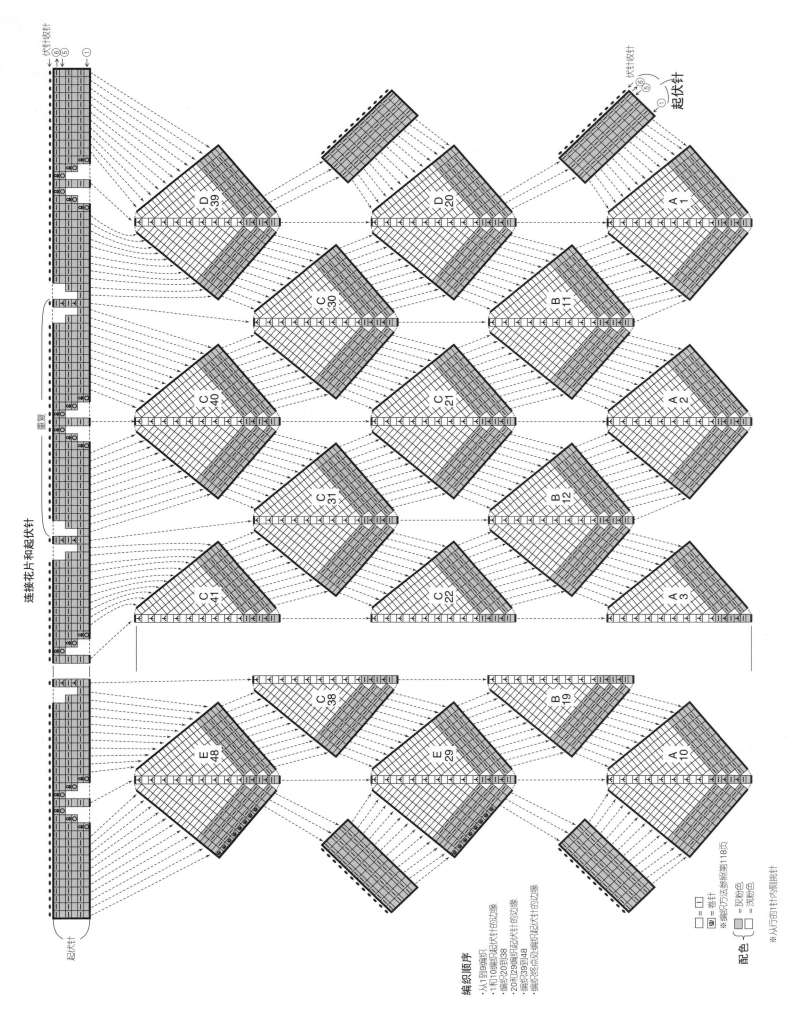

连接花片和起伏针

重复

连接花片和起伏针

伏针收针
⑥
⑤
①

起伏针

起伏针

伏针收针
⑥
⑤
①

起伏针

D
39

C
30

C
40

C
31

C
41

D
20

B
11

C
21

B
12

C
22

A
1

A
2

A
3

E
48

C
38

E
29

B
19

A
10

编织顺序
· 从1到9编织
· 1和10编织起伏针的边缘
· 编织20到38
· 20和29编织只起伏针的边缘
· 编织39到48
· 编织终点处编织只起伏针的边缘

□ = □
☑ = 卷针
□ □ = 编织方法参照第118页

配色 { □ = 灰粉色
{ □ = 浅粉色

※从1行的1针内侧挑针

材料
Ski 毛线 Ski Trueno 藏青色(2716) 320g/11
团；Ski Tasmanian Polwarth 黄绿色(7008)、
浅蓝色(7009)各15g/各1团；直径15mm的
纽扣5颗

工具
棒针5号、3号

成品尺寸
胸围112.5cm，衣长54cm，连肩袖长70.5cm

编织密度
花片大小请参照图示。10cm×10cm面积内：
起伏针20针，40行；下针编织21针，28行

编织要点
●身片、袖子…身片手指起针，编织10片花片
A。编织终点将线头穿入最终行的针目中后收

紧。花片B、A'、B' 从花片A上挑针编织。
编织终点和花片A相同。继续从花片上挑针，
编织条纹花样、起伏针。条纹花样的分散加
减针请参照图示编织。插肩线、领窝减针时，
2针及以上时做伏针减针，1针时立起侧边1
针减针。衣袖另线锁针起针，做上针编织。减
针方法和身片相同。袖口解开锁针起针挑针，
编织单罗纹针。编织终点做下针织下针、上针
织上针的伏针收针。
●组合…插肩线、袖下使用毛线缝针做挑针
缝合，腋下针目做下针缝合。前门襟、衣领挑
取指定数量的针目，编织单罗纹针。右前门
襟开扣眼。编织终点和袖口的处理方法相同。
缝上纽扣。

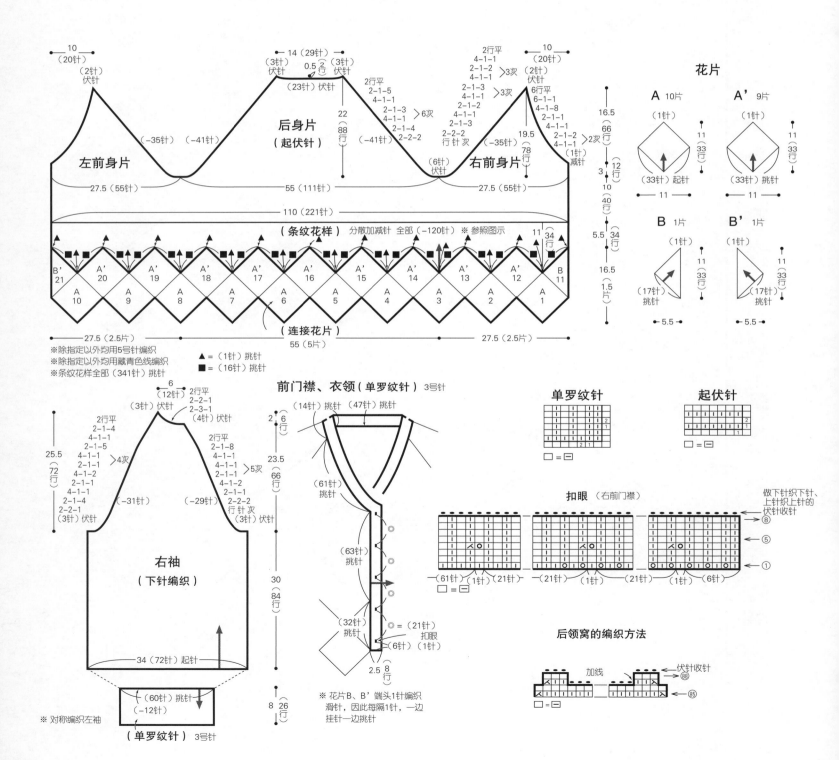

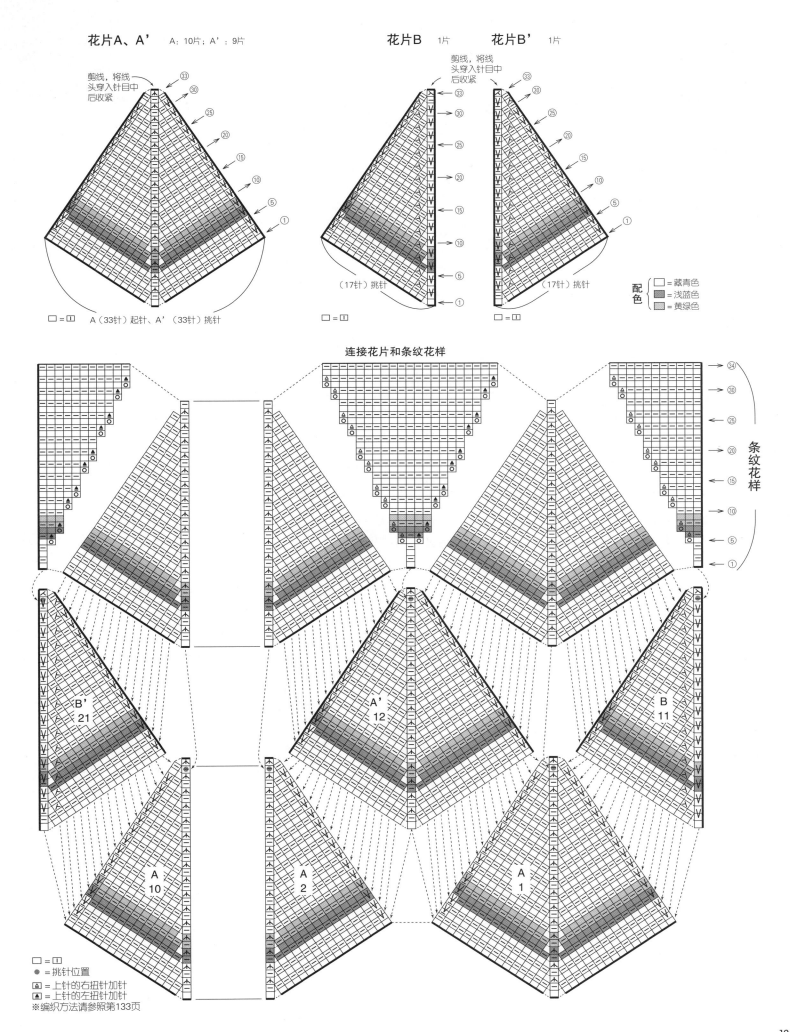

花片A、A' A: 10片；A': 9片

花片B 1片   花片B' 1片

剪线，将线
头穿入针目中
后收紧

③③

③③
③⓪
㉕
㉒
⑮
⑩
⑤
①

剪线，将线
头穿入针目中
后收紧

③③
③⓪
㉕
⑳
⑮
⑩
⑤
①

□ = □   A（33针）起针、A'（33针）挑针

□ = □

（17针）挑针

□ = □

（17针）挑针

配色
{
□ = 藏青色
■ = 浅蓝色
■ = 黄绿色
}

连接花片和条纹花样

③④
③⓪
㉕
⑳
⑮
⑩
⑤
①

条纹花样

B'
21

A'
12

B
11

A
10

A
2

A
1

□ = □
● = 挑针位置
🔺 = 上针的右扭针加针
🔺 = 上针的左扭针加针
※编织方法请参照第133页

125

材料
钻石线 Dia Bonne 浅紫色、黄绿色系段染
（501）335g/12团
工具
棒针5号、4号、3号，钩针5/0号
成品尺寸
胸围101cm，衣长54.5cm，连肩袖长32.5cm
编织密度
白桦编织 1个织块对角线的长度分别为
2.4cm、2.1cm

编织要点
●身片、袖子…手指起针，编织2行下针编织。参照图示，从下针编织上挑针，编织白桦编织。下摆挑取指定数量的针目，编织双罗纹针，编织终点做双罗纹针收针。
●组合…肩部做引拔接合，胁部的双罗纹针部分使用毛线缝针做挑针缝合，白桦编织部分按照挑针缝合的要领缝合。衣袖挑取指定数量的针目，环形编织双罗纹针。编织终点和下摆的处理方法相同。领窝钩织1行引拔针。

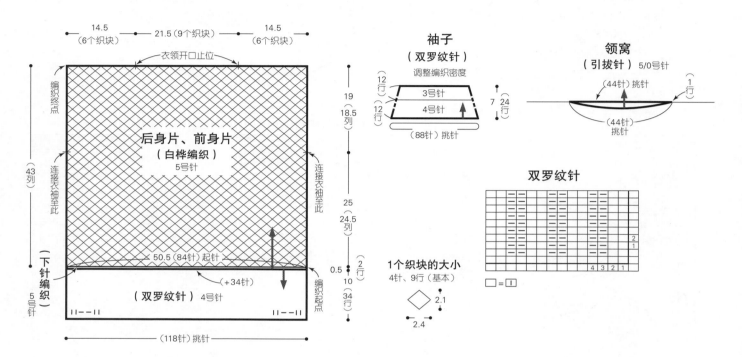

双罗纹针收针

（两端为2针下针的情况）

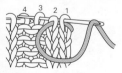

1 参照图示，将针插入针目1、2后，再一次插入针目1中，从针目3的前面入针、后面出针。

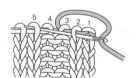

2 下针之间，从针目2的前面入针，从针目5的后面入针、前面出针。

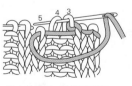

3 上针之间，从针目3的后面入针，从针目4的前面入针、后面出针。

4 下针之间，从针目5的前面入针，从针目6的后面入针、前面出针。

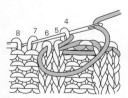

5 上针之间，从针目4的后面入针，从针目7的前面入针、后面出针。重复步骤2~5。

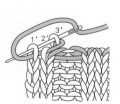

6 最后重复步骤4之后，参照图示入针。

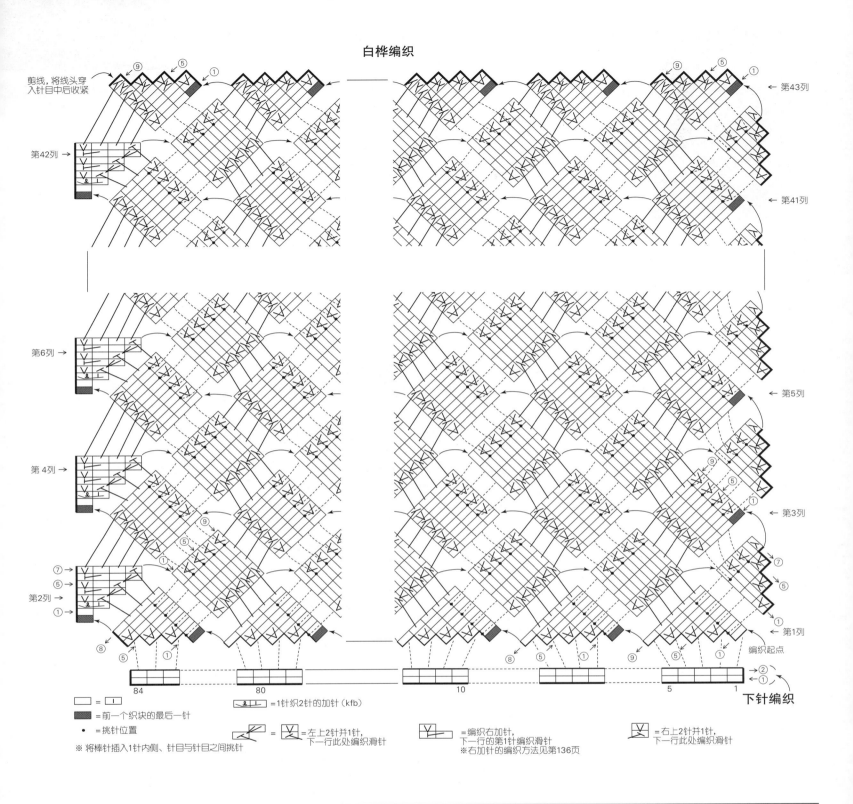

剪线，将线头穿
入针目中后收紧

⑨ ⑤ ①

← 第43列

第42列→

← 第41列

第6列→

← 第5列

第4列→

⑨
⑤
①

← 第3列

⑦
⑤
①

⑦
第2列→
⑤
①

← 第1列

⑧ ⑤ ① ⑨

⑧ ⑤ ① ⑨ ⑤ ①

编织起点

84　　　80　　　　　　10　　　　　　5　　1

②
①

下针编织

□ =□

■ =前一个织块的最后一针

• =挑针位置

※ 将棒针插入1针内侧、针目与针目之间挑针

=1针织2针的加针（kfb）

= =左上2针并1针，
下一行此处编织滑针

=编织右加针，
下一行的第1针编织滑针
※右加针的编织方法见第136页

=右上2针并1针，
下一行此处编织滑针

在1针上
织2针下针

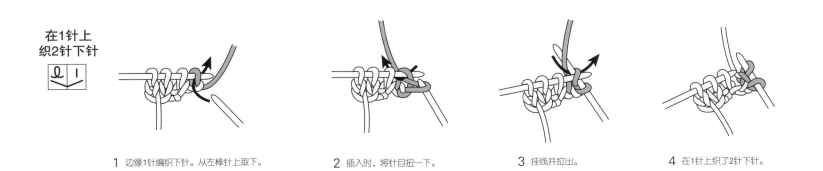

1 边缘1针编织下针。从左棒针上取下。　2 插入时，将针目扭一下。　3 挂线并拉出。　4 在1针上织了2针下针。

材料
钻石线 Dia Joli 绿色、橙色系段染(705)
380g/13团
工具
棒针7号,钩针5/0号
成品尺寸
胸围96cm,衣长54.5cm,连肩袖长64cm
编织密度
花片边长12cm。10cm×10cm面积内:起伏针21.5针,42行
编织要点
●身片、袖子⋯参照第41页编织。先用共线做323针和53针起针。从323针起针的编织终点处第82针加线,从1A开始按照序号编织。每列都要剪线,开始编织花片A时,在起针处加线编织。从第3列开始,前、后身片分开编织。育克从花片上挑针,编织起伏针。前领窝减针时,2针及以上时做伏针减针,1针时立起侧边1针减针。肩部钩织引拔针接合。袖子挑取指定数量的针目,编织起伏针。减针时,边缘第2针和第3针编织2针并1针。编织终点做伏针收针。
●组合⋯胁部对齐做针与行缝合,袖下使用毛线缝针做挑针缝合。下摆、衣领、袖口挑取指定数量的针目,环形钩织短针。

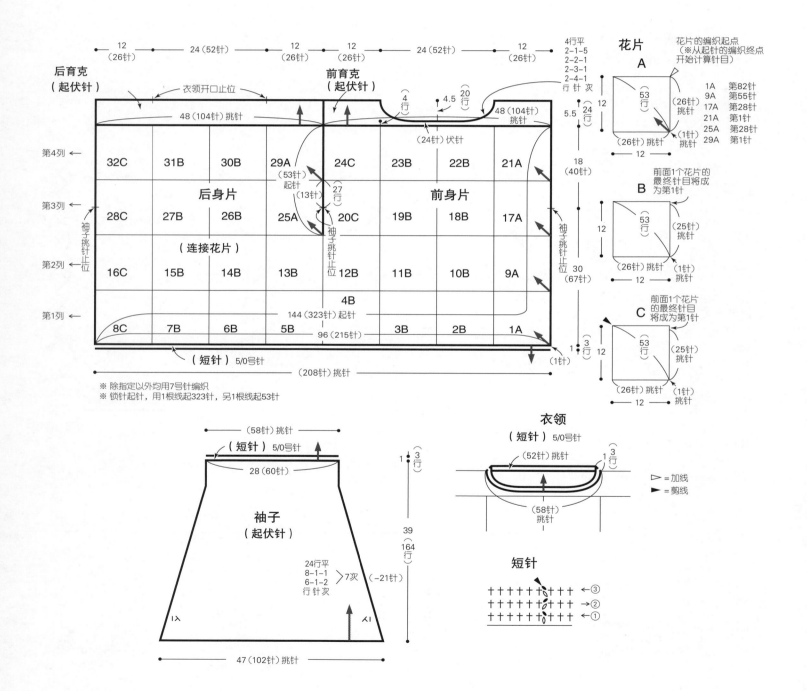

●身片、袖子⋯参照第41页编织。

花片的连接方法

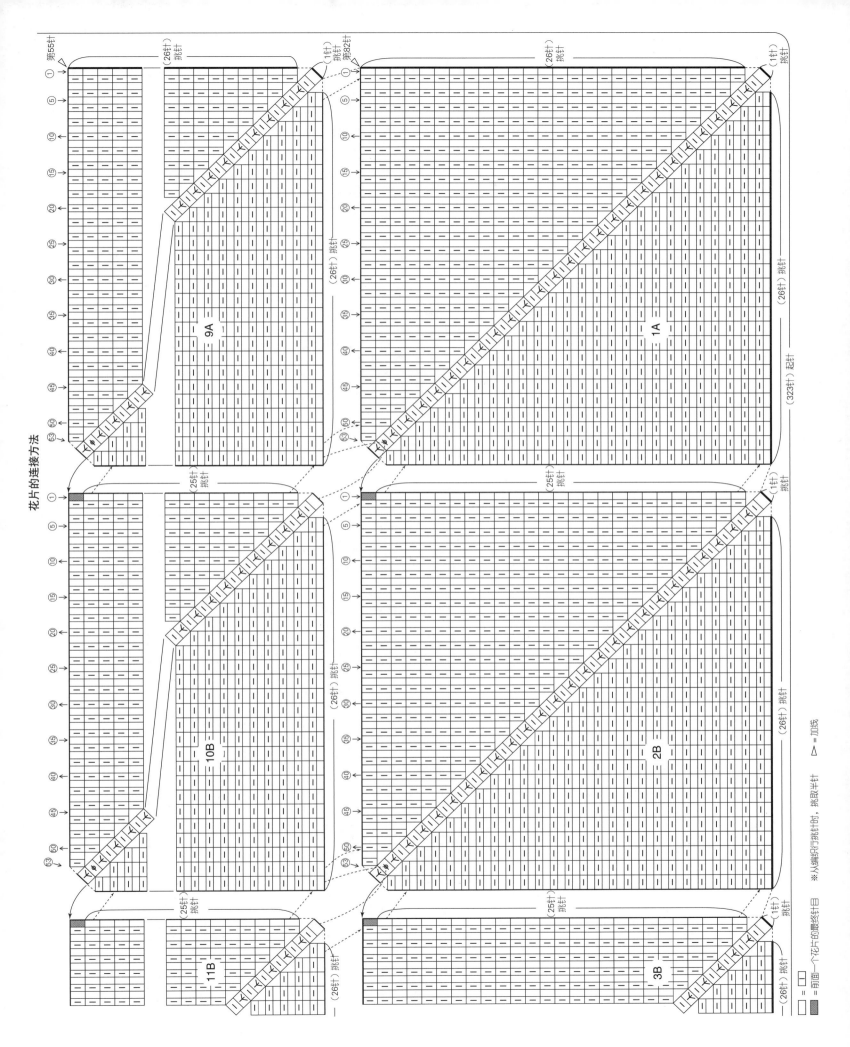

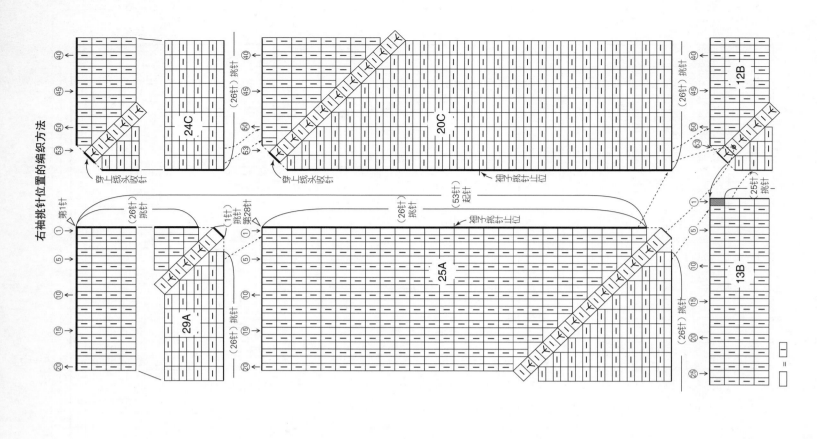

右袖挑针位置的编织方法

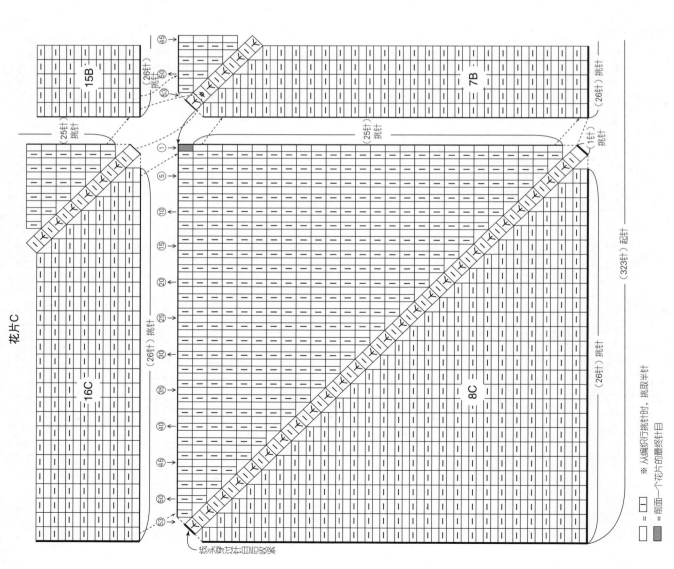

花片C

材料
[半身裙] DMC Pirouette 紫色系段染（842）
320g/2团；宽25mm的松紧带70cm
[帽子] DMC Pirouette 紫色系段染（842）
45g/1团
工具
棒针10号
成品尺寸
[半身裙] 腰围84cm，裙长68.5cm
[帽子] 头围52cm，帽深25.5cm
编织密度
编织花样A 1个花样26针12cm，22行10cm；
编织花样B 1个花样14针6.5cm，24行10cm；
花片大小请参照图示

编织要点
●半身裙…参照第40页编织。身片手指起针，编织12片花片A。编织终点将线头穿入最终行的针目中后收紧。然后从花片A挑针，编织花片A'。编织花样A从花片挑针，参照图示，一边分散减针，一边做环形编织。腰头做下针编织。编织终点松松地做伏针收针。夹住缝成环形的腰头，折向内侧做藏针缝缝合。
●帽子…手指起针，编织8片花片B。从花片B挑针，编织花片B'。编织花样B从花片挑针，参照图示，一边分散减针，一边做环形编织。编织终点在最终行的针目中穿线2周后收紧。

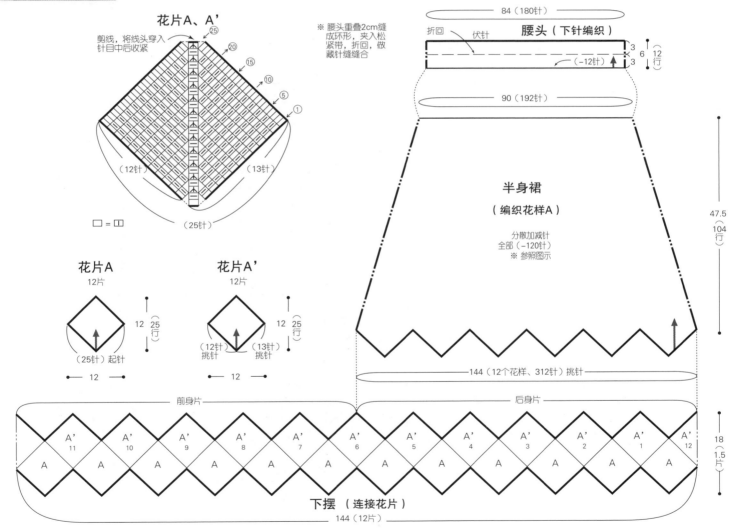

※ 全部使用10号针编织
※ 花片A'下面的数字表示编织顺序

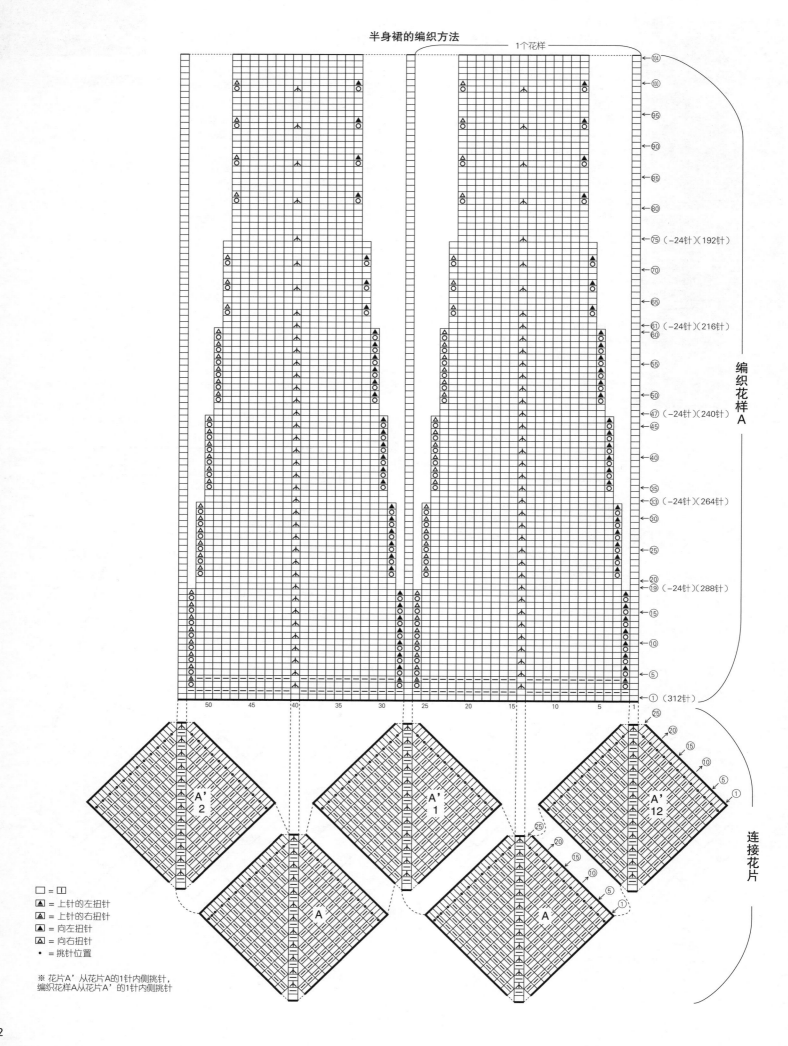

半身裙的编织方法

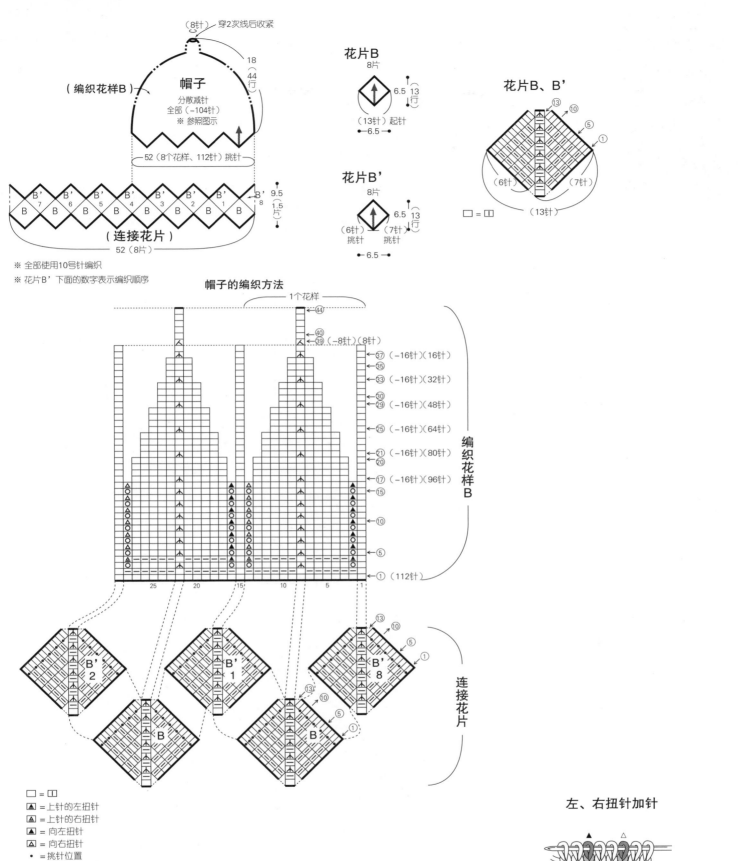

（8针）穿2次线后收紧

（编织花样B）

帽子

分散减针
全部（-104针）
※参照图示

18
（44行）

52（8个花样、112针）挑针

（连接花片）

B' 7 B B' 6 B B' 5 B B' 4 B B' 3 B B' 2 B B' 1 B B' 8

9.5
（1.5片）

52（8片）

※ 全部使用10号针编织
※ 花片B'下面的数字表示编织顺序

花片B
8片

（13针）起针

6.5 13行

6.5

花片B'
8片

（6针）挑针 （7针）挑针

6.5 13行

6.5

花片B、B'

（6针） （7针）

（13针）

□ = ⊡

帽子的编织方法

1个花样

44

40
39（-8针）（8针）
37（-16针）（16针）
35
33（-16针）（32针）
30
29（-16针）（48针）
25（-16针）（64针）
21（-16针）（80针）
20
17（-16针）（96针）
15
10
5
1（112针）

编织花样B

25 20 15 10 5 1

B' 2   B' 1   B' 8

B   B

连接花片

□ = ⊡
▲ = 上针的左扭针
▲ = 上针的右扭针
▲ = 向左扭针
△ = 向右扭针
• = 挑针位置

※ 花片B'从花片B的1针内侧挑针，编织花样B从花片B'的1针内侧挑针

左、右扭针加针

▲ 左扭针加针
（向左扭转的加针）

△ 右扭针加针
（向右扭转的加针）

※ 左、右扭针加针同样操作

133

材料
DMC Pirouette 紫色、橙色系段染(843)
370g/2团
工具
棒针8号、6号
成品尺寸
胸围97cm，衣长66cm，连肩袖长67.5cm
编织密度
白桦编织 1个织块对角线的长度为7.5cm。
10cm×10cm面积内：下针编织17.5针，
24.5行

编织要点
●育克、身片、袖子…育克手指起针，参照图示编织白桦编织。后身片、前身片从白桦编织挑针，参照图示做下针编织。肩部做卷针缝缝合。衣袖挑取指定数量的针目，做下针编织和起伏针。减针时，端头第2针和第3针编织2针并1针。编织终点做伏针收针。
●组合…胁部、袖下使用毛线缝针做挑针缝合，腋下对齐相同标记处做针与行缝合。下摆环形编织起伏针。编织终点和袖口的处理方法相同。衣领挑取指定数量的针目，环形编织双罗纹针。编织终点做下针织下针、上针织上针的伏针收针。

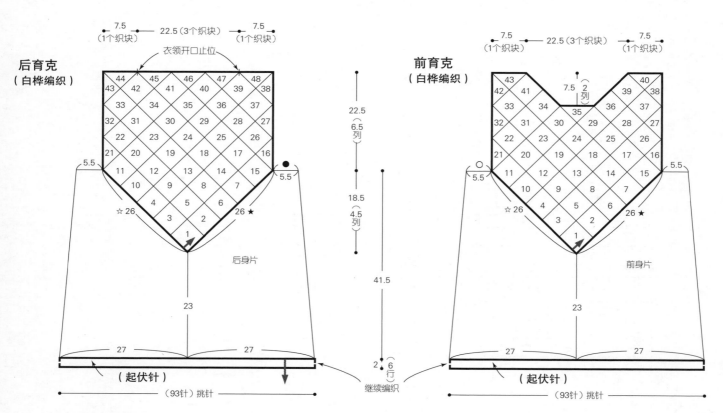

后育克
（白桦编织）

前育克
（白桦编织）

※ 除指定以外均用8号针编织
※ 白桦编织内的数字表示编织顺序

1个织块的大小

7.5

8针、17行
（基本）

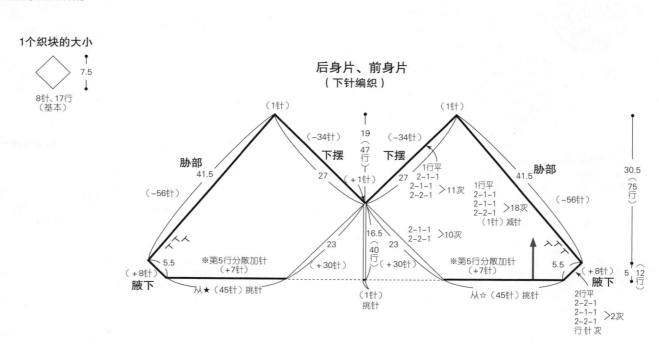

后身片、前身片
（下针编织）

后身片、前身片的编织方法

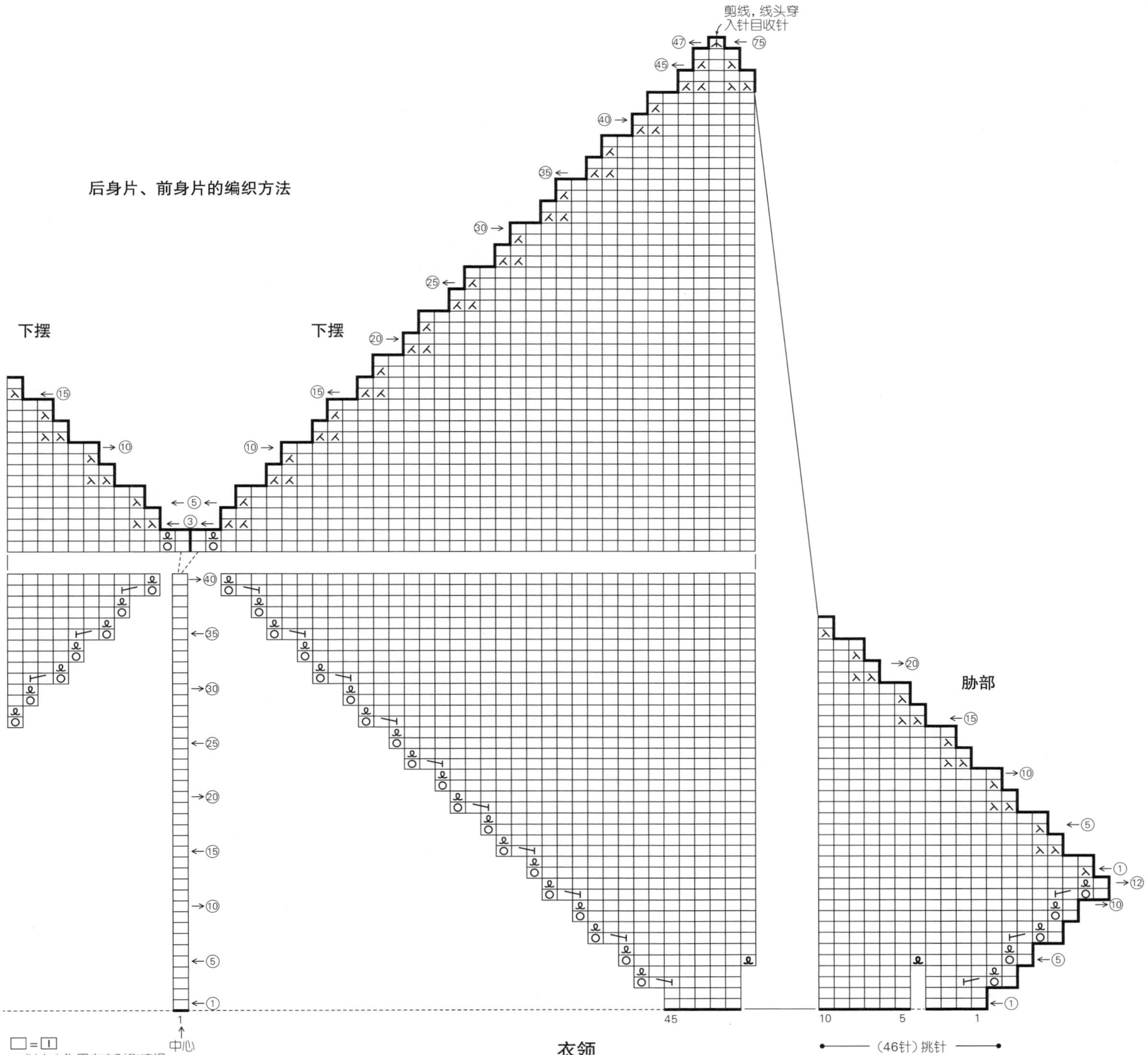
剪线，线头穿
入针目收针
下摆
下摆
胁部
中心
45
10
5
1

□ = [I]
※ 以中心为界左右对称编织
[⊢] = 右加针
[⊣] = 左加针
※ 加针方法请参照第136页
[ℓ] = 扭加针

衣领
（双罗纹针）
6号针

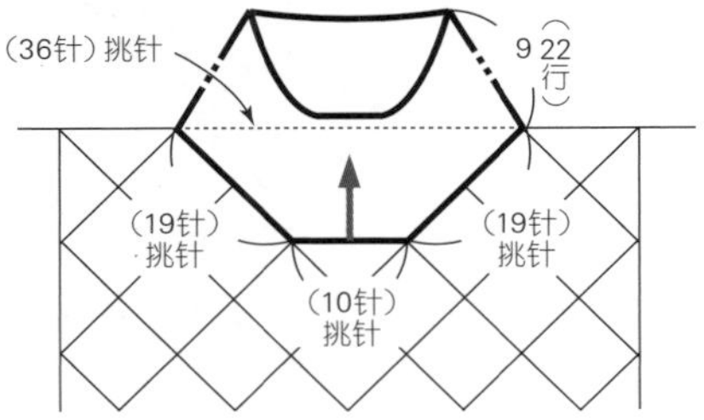
(36针）挑针
9 (22行)
(19针)挑针
(19针)挑针
(10针)挑针

双罗纹针（衣领）

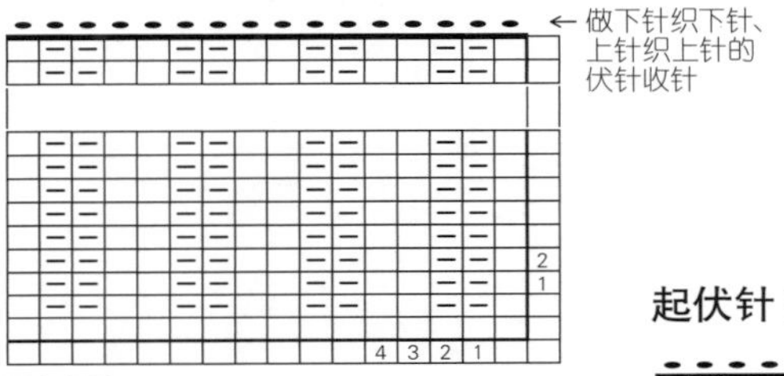
做下针织下针、
上针织上针的
伏针收针

□ = [I]

起伏针（下摆、袖口）

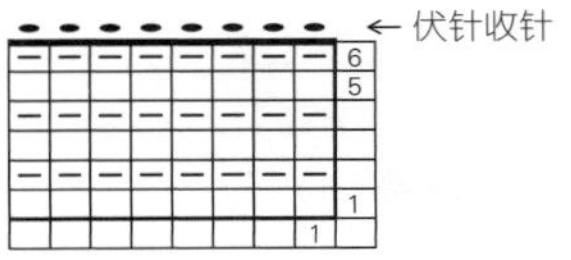
伏针收针

□ = [I]

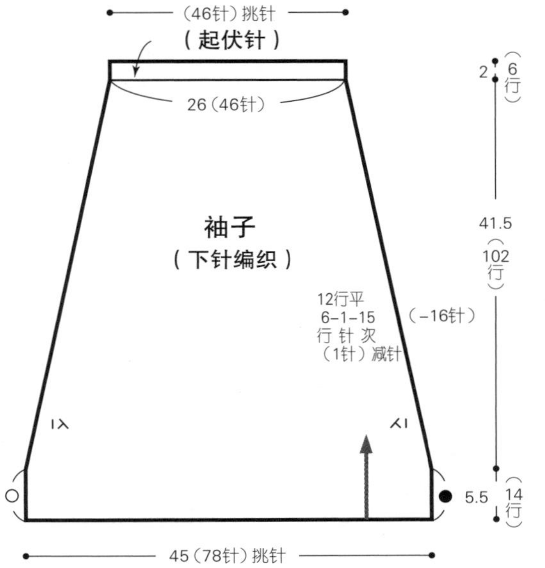
(46针）挑针
（起伏针）
26（46针）
2 (6行)
袖子
（下针编织）
41.5 (102行)
12行平
6-1-15
行 针 次
（1针）减针
（-16针）
5.5 (14行)
45（78针）挑针

※对齐标记是右袖

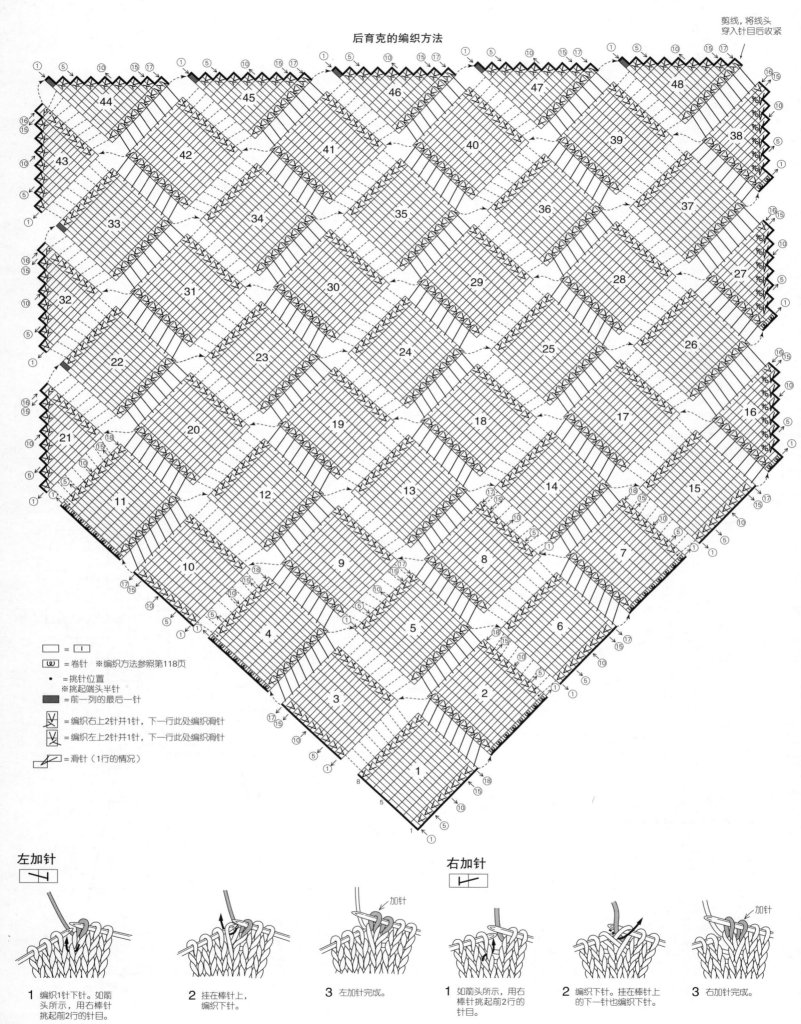

后育克的编织方法

剪线，将线头
穿入针目后收紧

= [ ]

ω = 卷针　※编织方法参照第118页

• = 挑针位置
　※挑起端头 半针

= 前一列的最后一针

= 编织右上2针并1针，下一行此处编织滑针

= 编织左上2针并1针，下一行此处编织滑针

= 滑针（1行的情况）

左加针

右加针

1 编织1针下针。如箭
头所示，用右棒针
挑起前2行的针目。

2 挂在棒针上，
编织下针。

3 左加针完成。

1 如箭头所示，用右
棒针挑起前2行的
针目。

2 编织下针。挂在棒针上
的下一针也编织下针。

3 右加针完成。

136

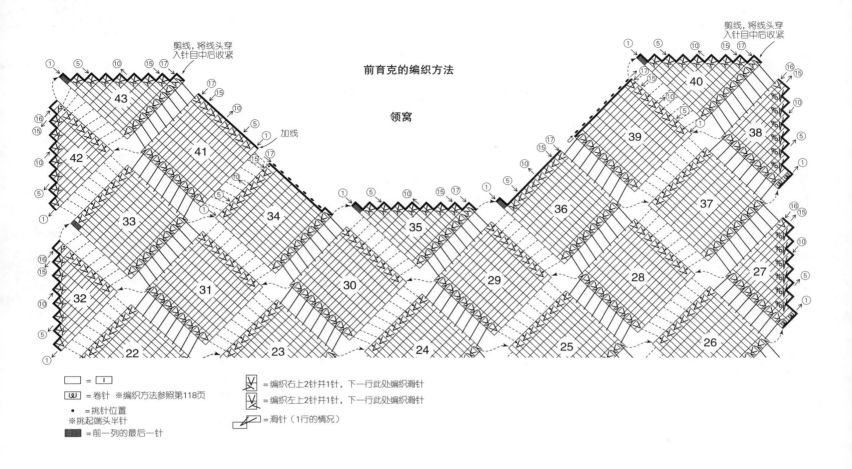

前育克的编织方法

领窝

加线

	= 下针
⑩	= 卷针 ※编织方法参照第118页
•	= 挑针位置
	※挑起端头半针
	= 前一列的最后一针

	= 编织右上2针并1针，下一行此处编织滑针
	= 编织左上2针并1针，下一行此处编织滑针
	= 滑针（1行的情况）

剪线，将线头穿
入针目中后收紧

接第138页▶

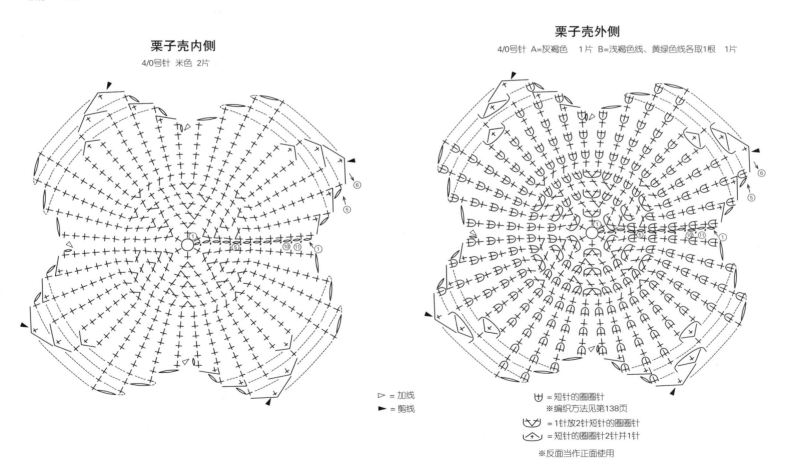

栗子壳内侧

4/0号针 米色 2片

栗子壳外侧

4/0号针 A=灰褐色 1片 B=浅褐色线、黄绿色线各取1根 1片

▷	= 加线
►	= 剪线

廿	= 短针的圈圈针
	※编织方法见第138页
	= 1针放2针短针的圈圈针
	= 短针的圈圈针2针并1针

※反面当作正面使用

137

材料

和麻纳卡 Cotton Nottoc、Amaito《Linen》30、Aprico、Flax C、和麻纳卡纯毛中细、和麻纳卡纯毛中细（Gradation）毛线的色名、色号、使用量、辅材等请参照图表

工具

钩针3/0号、4/0号

42、43 页的作品 ★★★

成品尺寸

参照图示

编织要点

● 参照图示编织各部件。参照组合方法组合。

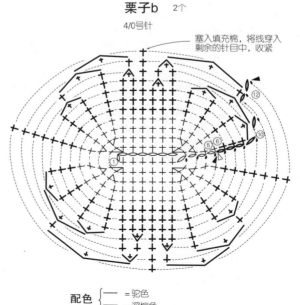

使用素材一览表

	使用线	色名（色号）	使用量	辅材
栗子壳内侧（2片）	Cotton Nottoc	米色（7）	10g/1团	
栗子壳外侧A（1片）	Amaito《Linen》30	灰褐色（111）	16g/1团	
栗子壳外侧B（1片）	Aprico	浅褐色（19）	9g/1团	
	Flax C	黄绿色（107）	8g/1团	
栗子（8个）	Cotton Nottoc	深棕色（9）	13g/1团	
		驼色（8）	10g/1团	填充棉
松茸（1个大、2个中、2个小）	和麻纳卡 纯毛中细	浅米色（2）	10g/1团	
		褐色（46）	7g/1团	
	和麻纳卡 纯毛中细《Gradation》	褐色、米色系 混合（101）	6g/1团	
罗汉柏的叶子（3片）	Flax C	黄绿色（107）	10g/1团	

栗子的组合方法

栗子a　栗子b　栗子a

栗子a

将3个一起放进去

4

栗子壳边缘做卷针缝缝合

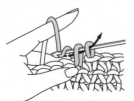

栗子壳外侧

栗子壳内侧

6

※用水将黏合剂稀释2倍，涂抹固定。黏合剂干燥后，将线圈的长度剪成1.5cm

6.5

栗子a 6个

4/0号针

塞入填充棉，将线穿入剩余的针目中，收紧

① ⑤ ⑥ ⑩ ⑪

▷ = 加线
▶ = 剪线

配色 { ── = 驼色　── = 深棕色 }

栗子尖

穿入深棕色线，涂抹黏合剂固定

0.3～0.4

短针的圈圈针

[+]

1 左手的中指放在线上，在后面和织片一起拿好，如箭头所示插入钩针。

2 左手中指向下压住线，如箭头所示挂线并拉出。

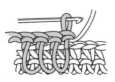

3 再次挂线，从钩针上的2个线圈中一次性引拔出。抽出左手中指。

4 短针的圈圈针完成了。圈圈针出现在反面，反面当作正面使用。

栗子b 2个

4/0号针

塞入填充棉，将线穿入剩余的针目中，收紧

① ⑤ ⑥ ⑩ ⑫

配色 { ── = 驼色　── = 深棕色 }

◀ 编织方法见第137页

松茸柄（大）3/0号针 1片 ※塞入填充棉

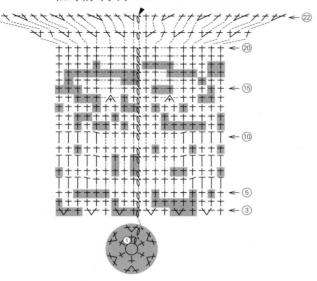

松茸柄（中）3/0号针 2片 ※塞入填充棉

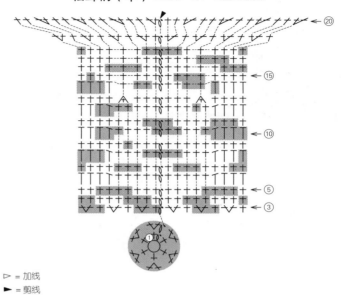

▷ = 加线
► = 剪线

配色 { 十 = 褐色、米色系混合
十 = 浅米色

※横向渡线编织短针的配色花样的方法参照第113页

松茸柄（小）3/0号针 2片 ※塞入填充棉

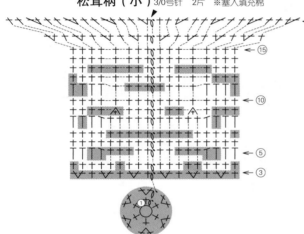

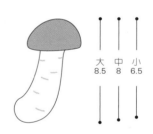

大 中 小
8.5 8 6.5

松茸菌盖（大、中、小通用）

3/0号针 褐色 5片
※第8行编织结束前塞入填充棉

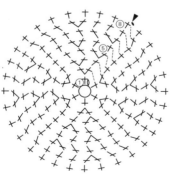

松茸菌盖的加针

行数	针数	
第8行	32针	
第7行	32针	（+4针）
第6行	28针	（+4针）
第5行	24针	（+4针）
第4行	20针	（+4针）
第3行	16针	（+4针）
第2行	12针	（+6针）
第1行	6针	

※第8行挑针时，松茸柄最终行的外侧半针也一起挑针

罗汉柏的叶子

3/0号针 3片
黄绿色

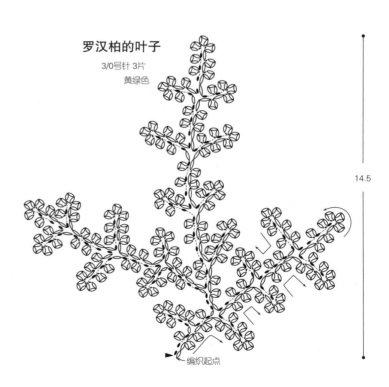

14.5

► 编织起点

材料
可乐 Mohair100%〈粗〉灰色（61−653）
280g/7团；Mohair100% 灰色（61−643）
130g/4团
工具
棒针12号、8号、6号
成品尺寸
胸围102cm，衣长64cm，连肩袖长71.5cm
编织密度
10cm×10cm面积内：下针编织11.5针，
17.5行；编织花样A 14针，17.5行；编织
花样B 13.5针，24.5行
编织要点
●身片、袖子…另线锁针起针后开始编织。

身片环形编织下针，袖子按下针编织和编织花样A环形编织，从前身片的育克花样切换线位置开始做往返编织。插肩线的减针是立起侧边2针减针，育克花样切换线的减针做伏针收针。袖下参照图示加针。下摆和袖口解开起针时的锁针挑针后编织扭针的单罗纹针，结束时做扭针的单罗纹针收针。
●组合…插肩线做挑针缝合，腋下针目做下针缝合。育克部分从身片和袖子上挑针，一边分散减针一边按编织花样B环形编织。接着按扭针的单罗纹针编织衣领，结束时按与下摆相同的要领收针。

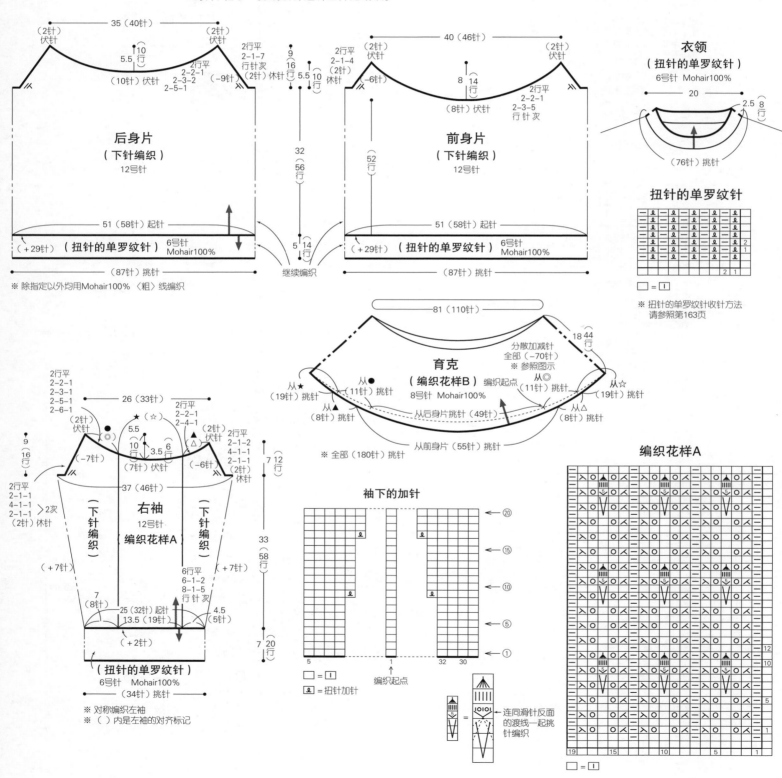

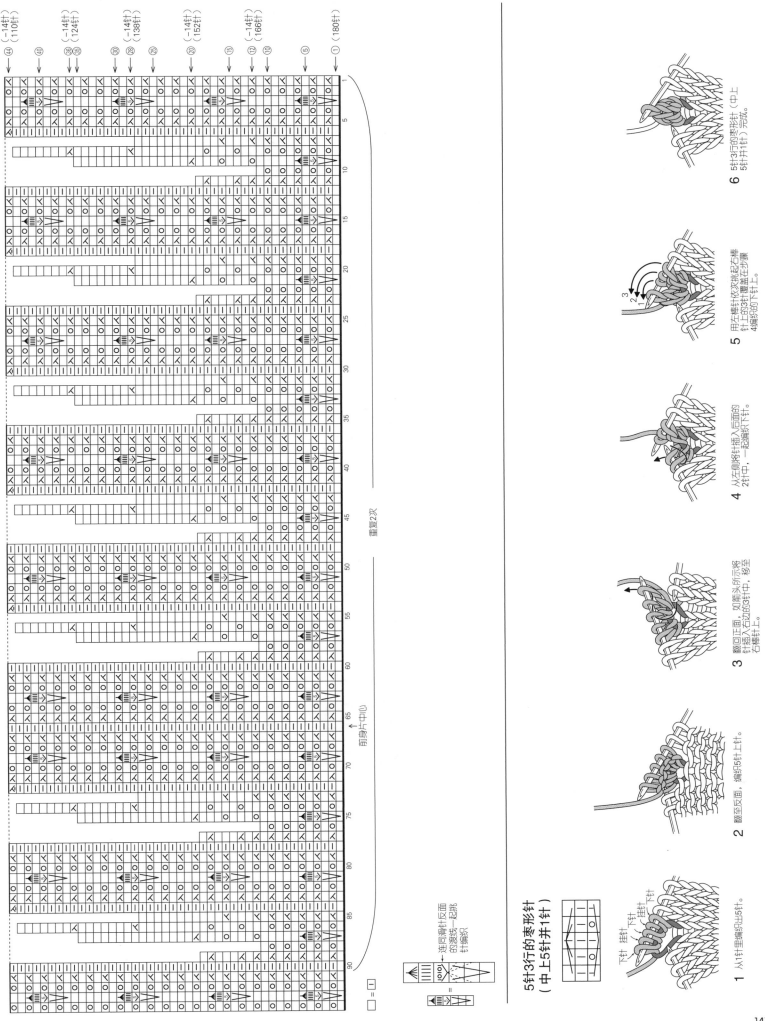

编织花样B和分散减针

重复2次

前身片中心

5针3行的枣形针
（中上5针并1针）

1 从1针里编织出5针。

2 翻至反面，编织5针上针。

3 翻回正面，如箭头所示将右棒针插入右边的3针中，移至右棒针上。

4 从左侧将针插入后面的2针中，一起编织下针。

5 用左棒针依次挑起右棒针上的3针并覆盖编织的44编织的下针。

6 5针3行的枣形针（中上5针并1针）完成。

= 遇回滑针反面的浸线一起挑针编织

□ = □

罗纹绳

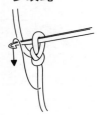

1 线头留出3倍于想要编织的长度，先起1针。将线头从前往后挂在钩针上。

2 针头挂线，引拔穿过针上的线头和线圈。

4 挂线引拔，穿过针上的线头和线圈。

5 重复步骤3、4，最后一针从锁针里直接引拔出。

左上2针交叉
（中间有1针上针）

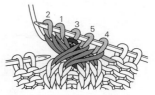

1 分别将针目1、2和针目3移至麻花针上，放在织片的后面。在针目4、5里编织下针。

2 将针目1、2在针目3的上面交叉，在针目3里编织上针。

3 在针目1、2里编织下针。

4 左上2针交叉（中间有1针上针）完成。

右上2针交叉
（中间有1针上针）

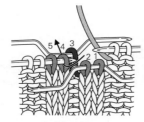

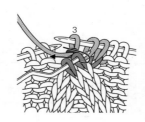

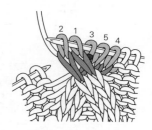

1 将针目1、2移至麻花针上，放在织片的前面，将针目3移至麻花针上，放在织片的后面。在针目4、5里编织下针。

2 在针目3里编织上针。

3 在针目1、2里编织下针。

4 右上2针交叉（中间有1针上针）完成。

材料

可乐 Mohair100%〈粗〉米白色（61-651）
325g/9 团，炭灰色（61-660）45g/2 团

工具

棒针 12 号

成品尺寸

胸围 96cm，衣长 60.5cm，连肩袖长 73.5cm

编织密度

10cm×10cm 面积内：下针编织、配色花样
均为 11.5 针，15 行

编织要点

●育克、身片、袖子…育克部分手指挂线起
针后，按配色花样环形编织。配色花样按横

向渡线的方法编织，注意一部分渡线露在正
面。参照图示分散加针。编织身片时，在后
身片往返编织 5 行下针作为前后差。接着
在腋下做卷针起针，再从育克挑取指定针数
后，环形编织下针和配色单罗纹针。结束时
做下针织下针、上针织上针的伏针收针，注
意不要太紧。袖子从育克的休针处、腋下和
前后差位置挑针后，环形编织下针和配色单
罗纹针。袖下请参照图示减针。结束时按与
下摆相同的要领收针。

●组合…衣领挑取指定针数后环形编织配
色单罗纹针，结束时按与下摆相同的要领收
针。

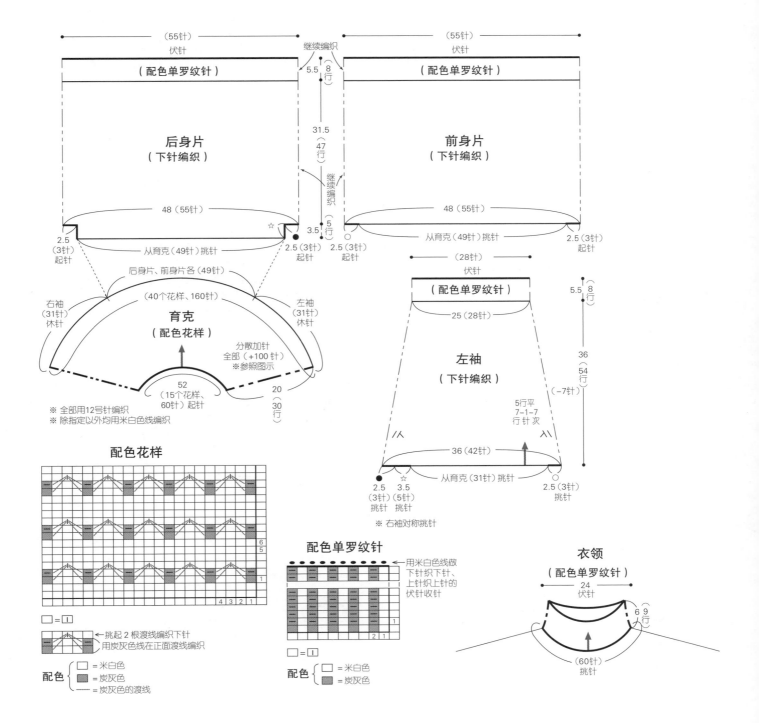

袖下的减针（左袖）

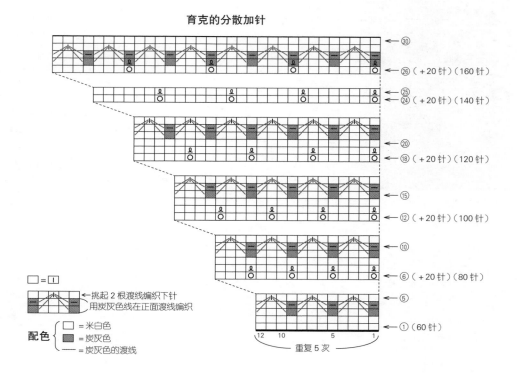

育克的分散加针

→ ㉚
→ ㉖（＋20针）（160针）
→ ㉕
→ ㉔（＋20针）（140针）
→ ⑳
→ ⑱（＋20针）（120针）
→ ⑮
→ ⑫（＋20针）（100针）
→ ⑩
→ ⑥（＋20针）（80针）
→ ⑤
→ ①（60针）

12 10   5   1

重复5次

━ 从育克
（31针）挑针

从○
（3针）挑针

从●
（3针）挑针

从☆
（5针）
挑针

袖下

□ = ｜

□ = ｜

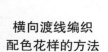 挑起2根渡线编织下针
用炭灰色线在正面渡线编织

配色 {
□ = 米白色
■ = 炭灰色
━ = 炭灰色的渡线
}

横向渡线编织
配色花样的方法

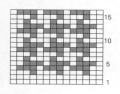

第3行 底色线 配色线

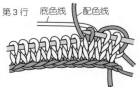

1 夹住配色线开始编织。用底色线编织2针，再用配色线编织1针。

2 按配色线在上、底色线在下的要领渡线，重复"用底色线编织3针，用配色线编织1针"。

第4行

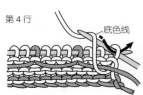

3 第4行的编织起点，夹住配色线编织第1针。

底色线

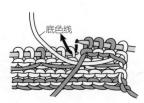

4 编织上针时，也按配色线在上、底色线在下的要领渡线编织。

第5行 底色线

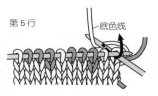

5 在一行的编织起点将暂停编织的线夹在中间开始编织。

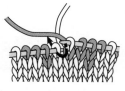

6 按符号图重复"用配色线编织3针，用底色线编织1针"。

第6行

7 重复"用配色线编织1针，用底色线编织3针"。到这一行结束为1个花样。

第11行的编织起点

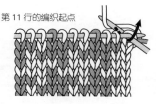

8 再编织4行，2个千鸟格花样完成后的样子。

5针长针的爆米花针

（整段挑针）

织入5针

1 针头挂线，如箭头所示插入钩针，钩织5长针。暂时取下钩针。

拉出针目

2 在最初的针目以及刚才取下的线圈里插入钩针，将该线圈拉出。

3 钩织1针锁针，拉紧针目。

拉紧后的针目

4 2个爆米花针（整段挑针）完成后的样子。

材料
Hobbyra Hobbyre Wool Cute 线的色名、色号和使用量请参照图表
工具
钩针 5/0 号
成品尺寸
宽 97.5cm，长 87cm

编织密度
花片的边长为 10.5cm
编织要点
●全部用指定的2根线合股钩织。按连接花片钩织，从第2片开始，一边钩织一边在最后一圈与相邻花片连接。最后在四周环形钩织边缘。

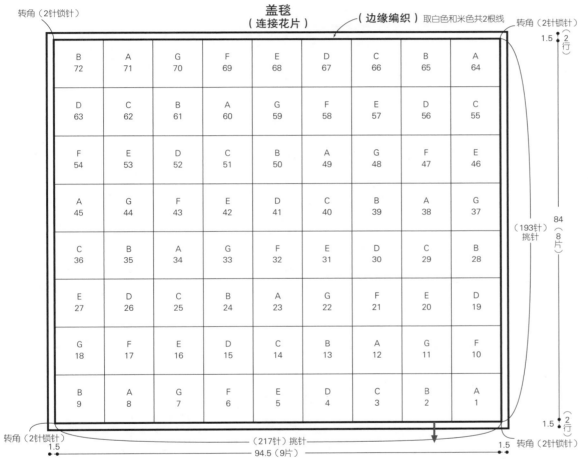

盖毯
（连接花片）　（边缘编织）取白色和米色共2根线

转角（2针锁针）　　　　　　　　　　　　　　　　　　　　　　　转角（2针锁针）

1.5（2行）

B 72	A 71	G 70	F 69	E 68	D 67	C 66	B 65	A 64
D 63	C 62	B 61	A 60	G 59	F 58	E 57	D 56	C 55
F 54	E 53	D 52	C 51	B 50	A 49	G 48	F 47	E 46
A 45	G 44	F 43	E 42	D 41	C 40	B 39	A 38	G 37
C 36	B 35	A 34	G 33	F 32	E 31	D 30	C 29	B 28
E 27	D 26	C 25	B 24	A 23	G 22	F 21	E 20	D 19
G 18	F 17	E 16	D 15	C 14	B 13	A 12	G 11	F 10
B 9	A 8	G 7	F 6	E 5	D 4	C 3	B 2	A 1

（193针）挑针
84（8片）

转角（2针锁针）
1.5（2行）

转角（2针锁针）
1.5　（217针）挑针　1.5
（2行）　94.5（9片）　（2行）

※全部用5/0号针钩织
※花片内的数字表示连接顺序

线的使用量一览表

色名（色号）	使用量
米色（22）	175g/7团
白色（21）	100g/4团
浅粉色（01）	
深粉色（02）	
暗粉色（04）	
浅蓝色（06）	
蓝色（07）	各30g/各2团
橙色（12）	
深橙色（13）	
浅茶色（14）	
绿色（18）	
黄绿色（16）	各25g/各1团
深绿色（19）	

▷ = 加线
► = 剪线

花片

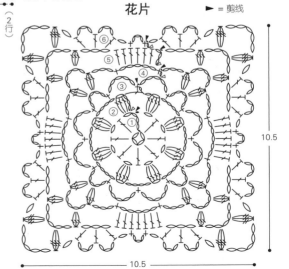

10.5

10.5

花片的配色和片数　※1种颜色时取2根线，2种颜色时各取1根线合成1股

	第1圈	第2、3圈	第4圈	第5圈	第6圈	片数
A		深粉色	浅茶色		深粉色、米色	11片
B		蓝色	绿色		蓝色、米色	11片
C	白色、米色	浅粉色	黄绿色	白色、米色	浅粉色、米色	10片
D		暗粉色	绿色		暗粉色、米色	10片
E		深橙色	深绿色		深橙色、米色	10片
F		橙色	浅茶色		橙色、米色	10片
G		浅蓝色	黄绿色		浅蓝色、米色	10片

= 4针长针的爆米花针
※钩织方法请参照第144页

145

※花片转角处的连接方法请参照第149页

▷ = 加线
► = 剪线

边缘编织

材料
Hobbyra Hobbyre Wool Cute 线的色名、色号和使用量请参照图表
工具
钩针 5/0 号
成品尺寸
宽 114.5cm，长 90cm

编织密度
花片的大小请参照图示
编织要点
●全部用指定的2根线合股钩织。按连接花片钩织，从第2片开始一边钩织一边在最后一圈与相邻花片连接。最后在四周环形钩织边缘。

盖毯
（连接花片）

（边缘编织） 米色 取2根线

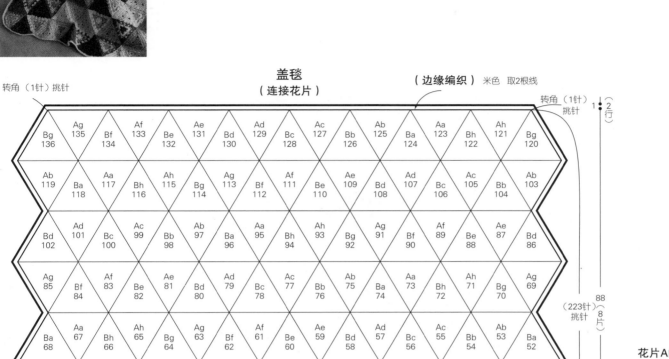

转角（1针）挑针

转角（1针）挑针

| Ag 135 | Af 133 | Ae 131 | Ad 129 | Bc 128 | Ac 127 | Bb 126 | Ab 125 | Ba 124 | Aa 123 | Bh 122 | Ah 121 | Bg 120 |
|Bg 136|Bf 134|Be 132|Bd 130|

转角（1针）挑针

（223针）挑针
88 (8行)

（223针）挑针

转角（1针）挑针

转角（1针）挑针

1(2行)

112.5（9片）

1(2行) 1(2行)

※全部用5/0号针钩织
※花片内的数字表示连接顺序

花片A的颜色和片数
※全部取2根线

	第1~4圈	片数
Aa	米色	9片
Ab	暗粉色	9片
Ac	紫色	8片
Ad	黄色	9片
Ae	浅蓝色	8片
Af	浅粉色	8片
Ag	绿色	9片
Ah	蓝色	8片

线的使用量一览表

色名（色号）	使用量
米色（22）	200g/8团
浅粉色（01）	
暗粉色（04）	
浅蓝色（06）	各75g/各3团
蓝色（07）	
紫色（09）	
绿色（18）	
黄色（11）	
橙色（12）	各50g/各2团
黄绿色（16）	
灰色（23）	25g/1团

花片A

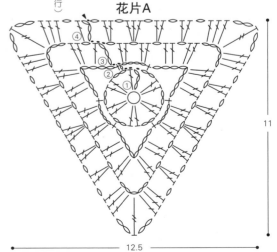

11

12.5

► = 剪线

147

花片B

▷ = 加线
► = 剪线

花片B的配色和片数一览表　※1种颜色时各取2根线，2种颜色时各取1根线合成1股

	第1圈	第2、3圈	第4圈	第5圈	片数
Ba	橙色	黄色、米色	黄绿色	浅粉色、米色	9片
Bb	浅蓝色、米色	绿色	紫色	米色	8片
Bc	绿色	浅粉色、米色	米色	暗粉色	8片
Bd	浅粉色、米色	浅蓝色、米色	黄绿色	橙色	9片
Be	黄绿色	米色、灰色	浅粉色	米色	8片
Bf	紫色	浅蓝色、米色	米色	蓝色	9片
Bg	浅蓝色	浅粉色、米色	米色	浅蓝色、灰色	9片
Bh	浅粉色	浅蓝色、米色	橙色	黄绿色	8片

11

12.5

▋ = 从反面挑取第4圈短针根部的2根线钩织

花片的连接方法

2针1个花样

花片B

边缘编织①

= 钩织至准备连接的位置前，从针目上取下钩针，在准备连接的针目里从上方插入钩针，将刚才取下的针目拉出，接着钩织长针

148

材料
Hobbyra Hobbyre Roving Ruru 粉红色、紫色和黄色系段染（29）400g/10 团
工具
钩针 6/0 号
成品尺寸
宽 103cm，长 85cm

编织密度
花片的边长为 9cm
编织要点
●钩织连接花片。从第 2 片开始，一边钩织一边在最后一圈与相邻花片做引拔连接。最后在四周环形钩织边缘。

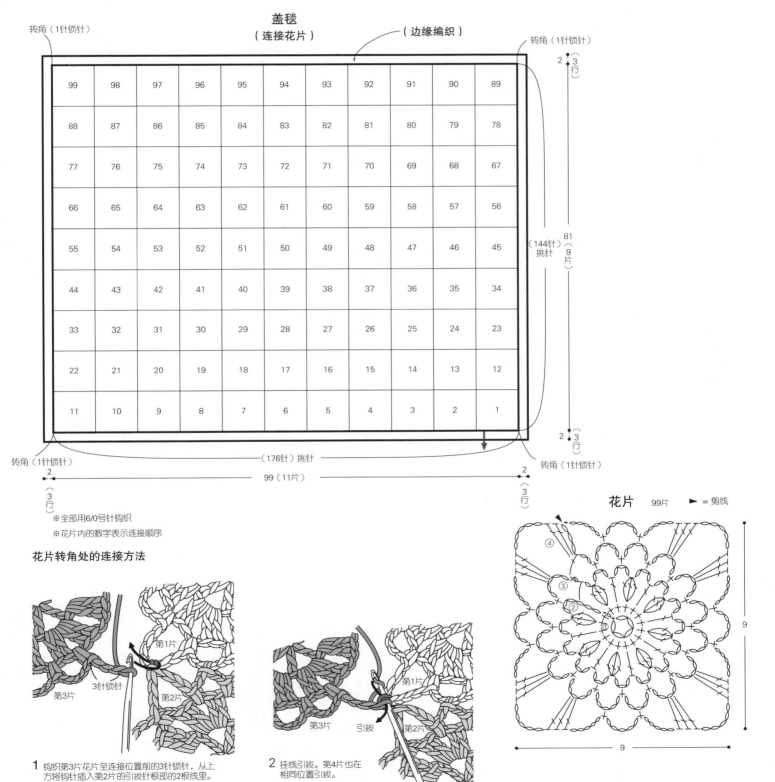

盖毯
（连接花片） （边缘编织）

转角（1针锁针）

99	98	97	96	95	94	93	92	91	90	89
88	87	86	85	84	83	82	81	80	79	78
77	76	75	74	73	72	71	70	69	68	67
66	65	64	63	62	61	60	59	58	57	56
55	54	53	52	51	50	49	48	47	46	45
44	43	42	41	40	39	38	37	36	35	34
33	32	31	30	29	28	27	26	25	24	23
22	21	20	19	18	17	16	15	14	13	12
11	10	9	8	7	6	5	4	3	2	1

2〔3行〕

（144针）挑针

81（9片）

转角（1针锁针）

2〔3行〕

（176针）挑针

转角（1针锁针）

99（11片）

2〔3行〕

※全部用6/0号针钩织
※花片内的数字表示连接顺序

花片转角处的连接方法

1 钩织第3片花片至连接位置前的3针锁针，从上方将钩针插入第2片的引拔针根部的2根线里。

第1片
3针锁针
第3片
第2片

2 挂线引拔。第4片也在相同位置引拔。

第1片
第3片 引拔 第2片

花片　99片　►＝剪线

9

9

材料

[帽子] 可乐 Mohair100%〈粗〉炭灰色(61-660) 65g/2团

[围脖] 可乐 Mohair100%〈粗〉棕色(61-659) 85g/3团，炭灰色(61-660) 80g/2团，咖啡色(61-654) 40g/1团，薄荷绿色(61-657) 25g/1团

工具

棒针15号、13号

成品尺寸

[帽子] 头围40cm，帽深26.5cm

[围脖] 颈围144cm，宽29.5cm

编织密度

10cm×10cm面积内：编织花样B、C和条纹花样均为13.5针，18行

编织要点

●帽子…手指挂线起针后，按编织花样A、B、C编织。参照图示分散加减针，结束时在最后一行的针目里穿线后收紧。

●围脖…手指挂线起针后，按编织花样A和条纹花样做环形编织。结束时做下针织下针、上针织上针的伏针收针。

帽子

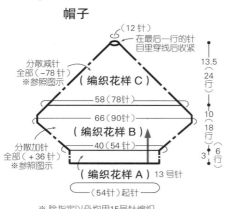

帽子的编织方法

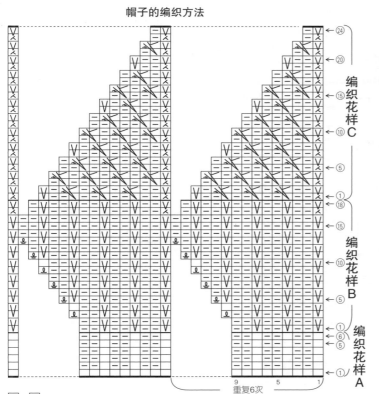

条纹花样

□ = □

⊥ = 扭针加针

♉ = 上针的扭针加针

⑄ = 编织左上2针并1针，下一行滑过不织

⌀ = 右上滑针的1针交叉（下侧为上针）

配色
□ = 棕色
▨ = 薄荷绿色
▨ = 咖啡色
▨ = 炭灰色

右上滑针的1针交叉

⌀

1 如箭头所示，从右边针目的后面将右棒针插入左边的针目。

2 编织下针。

3 已织的针目保持不动，如箭头所示，在右边的针目里插入右棒针。

4 右上滑针的1针交叉完成。

材料
[围脖] 和麻纳卡 Amerry 灰青色(16) 80g/2团；Saga 青色系混合(7) 70g/2团
[狗狗毛衫] 和麻纳卡 Saga 绿色系混合(2) 35g/1团；Amerry 烟绿色(38) 25g/1团

工具
棒针7号、5号、3号

成品尺寸
[围脖] 颈围144cm,宽31cm
[狗狗毛衫] 腰围47cm,长29cm

编织密度
编织花样A 18针7cm,28行10cm(7号针)；18针8cm,28.5行10cm(5号针)。
10cm×10cm面积内：编织花样B17针,27.5行；下针编织19.5针,28.5行

编织要点
●围脖…手指起针,编织双罗纹针、编织花样A,然后换线做编织花样B。编织终点休针。从起针处挑针,做编织花样B。编织终点正面相对对齐做引拔收针。
●狗狗毛衫…手指起针,编织单罗纹针、起伏针、下针编织和编织花样。袖隆、领窝减针时,2针及以上时做伏针减针,1针时立起侧边1针减针。加针时,在1针内侧编织扭针加针。肩部减针时,端头第2针和第3针编织2并1针。对齐相同标记使用毛线缝针做挑针缝合。衣领、袖口挑取指定数量的针目,环形编织单罗纹针。编织终点做下针织下针、上针织上针的伏针收针。

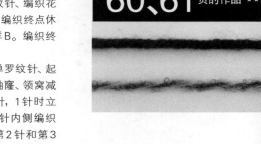
60、61 页的作品 ★★

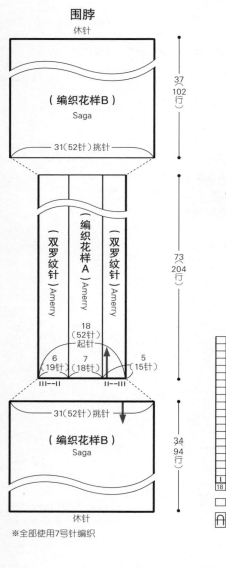

围脖

休针

(编织花样B) Saga

31(52针)挑针

37 (102行)

(双罗纹针) Amerry　(编织花样A) Amerry　(双罗纹针) Amerry

18 (52针) 起针

73 (204行)

6 (19针)　7 (18针)　5 (15针)

31(52针)挑针

34 (94行)

(编织花样B) Saga

休针

※全部使用7号针编织

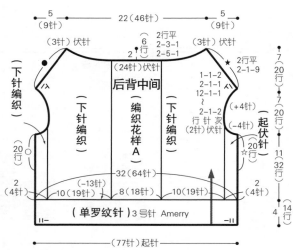

5 (9针)　22(46针)　5 (9针)

(3针)伏针　6行 2-3-1 / 2-5-1　2 / (3针)伏针

(24针)伏针

(下针编织)　后背中间 (编织花样A)　(下针编织)　2行平 2-1-9 / 1-1-2 / 12-1-1 ~ 2-1-2

20行　(起伏针)

32 (64针)

2 (4针)　10 (19针)　8 (18针)　10 (19针)　2 (4针)

(-13针)

(单罗纹针) 3号针 Amerry

(77针)起针

※ 除指定以外均用5号针、Saga线编织
※ 对齐相同标记使用毛线缝针做挑针缝合

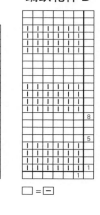

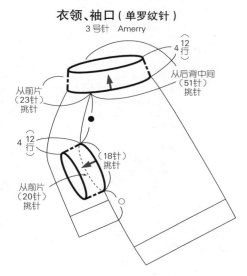

2 (4针)　11(21针)　2 (4针)

伏针

前片 (下针编织)

4行平 4-1-4 / 1-1-2 / 2-1-1 / 16-1-1 ~ 2-1-2

(+4针)　(-4针)

15 (29针)

(单罗纹针) 3号针 Amerry

(33针)起针

衣领、袖口 (单罗纹针) 3号针 Amerry

从前片 (23针) 挑针

从后背中间 (51针) 挑针

4　12 行

从前片 (20针) 挑针

4　12 行

(18针) 挑针

编织花样 A

□ = □
🄰 =上拉针(1行的情况)

编织花样 B

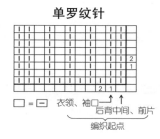

双罗纹针

□ = □
左侧 → 右侧
编织起点

单罗纹针

□ = □
衣领、袖口 / 后背中间、前片
编织起点

狗狗毛衫的尺寸

颈围	21cm
腰围	45cm
背长	32cm

材料
芭贝 Pena 粉红色、黄色和绿色系段染
（100）100g/1团
工具
魔法一根针15号、13号
成品尺寸
宽143cm，长57.5cm

编织密度
10cm×10cm面积内：编织花样9针，11.5
行
编织要点
●环形起针后按编织花样编织。编织花样
请参照第52页，一边加针一边编织。接着
做边缘编织。另外编织小绒球和细绳，参照
组合方法进行缝合。

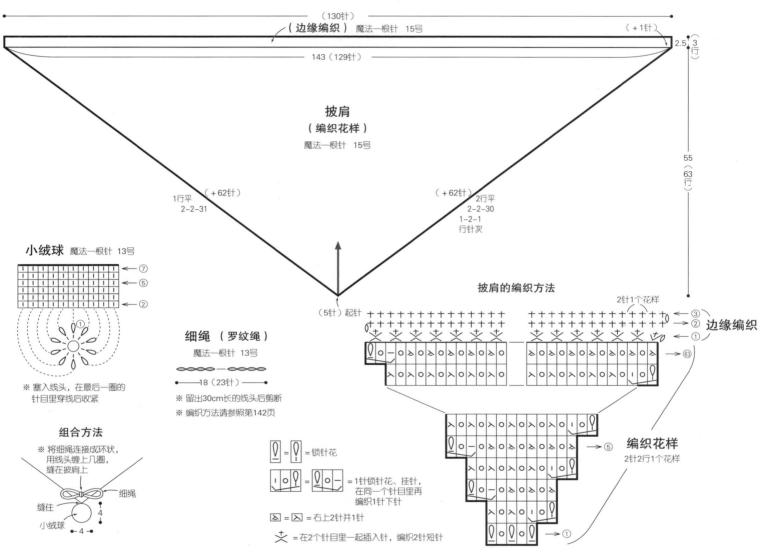

（130针）
（边缘编织）魔法一根针 15号
（＋1针）
2.5（3行）
143（129针）

披肩
（编织花样）
魔法一根针 15号

1行平
2-2-31
（＋62针）

（＋62针）
2行平
2-2-30
1-2-1
行针次

55
（63行）

小绒球 魔法一根针 13号
← ⑦
← ⑤
← ②
← ①
※塞入线头，在最后一圈的
针目里穿线后收紧

细绳（罗纹绳）
魔法一根针 13号
← 18（23针）→
※留出30cm长的线头后剪断
※编织方法请参照第142页

组合方法
※将细绳连接成环状，
用线头缠上几圈，
缝在披肩上
细绳
缝住
小绒球
4
4

披肩的编织方法

（5针）起针

2针1个花样
→ ③
→ ② 边缘编织
→ ①
→ ㊿

→ ⑤ **编织花样**
2针2行1个花样

→ ①
5   1

= 锁针花

= 1针锁针花、挂针，
在同一个针目里再
编织1针下针

= 右上2针并1针

＋ = 在2个针目里一起插入针，编织2针短针

材料
芭贝 British Eroika 浅茶色（143）80g/2团
工具
魔法一根针13号
成品尺寸
深16cm

编织密度
10cm×10cm面积内：编织花样14.5针，
11行
编织要点
●参照第53页编织。环形起针后按编织花
样编织。参照图示加针，接着编织边缘编织。
最后编织细绳，穿在指定位置。

束口袋

（边缘编织）

主体
（编织花样）

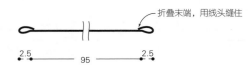

3 3圈

16 18 圈

—— 38 ——

※全部用13号魔法一根针编织

细绳 2根
（罗纹绳）

（100针）

※罗纹绳的编织方法请参照第142页

折叠末端，用线头缝住

2.5 —— 95 —— 2.5

主体的加针

圈数	针数	
第18圈	144针	（+16针）
第17圈	128针	
第16圈	128针	（+16针）
第15圈	112针	
第14圈	112针	（+16针）
第13圈	96针	
第12圈	96针	（+16针）
第11圈	80针	
第10圈	80针	（+16针）
第9圈	64针	
第8圈	64针	（+16针）
第7圈	48针	
第6圈	48针	（+16针）
第5圈	32针	
第4圈	32针	（+16针）
第3圈	16针	
第2圈	16针	（+8针）
第1圈	8针	

束口袋的编织方法

边缘编织

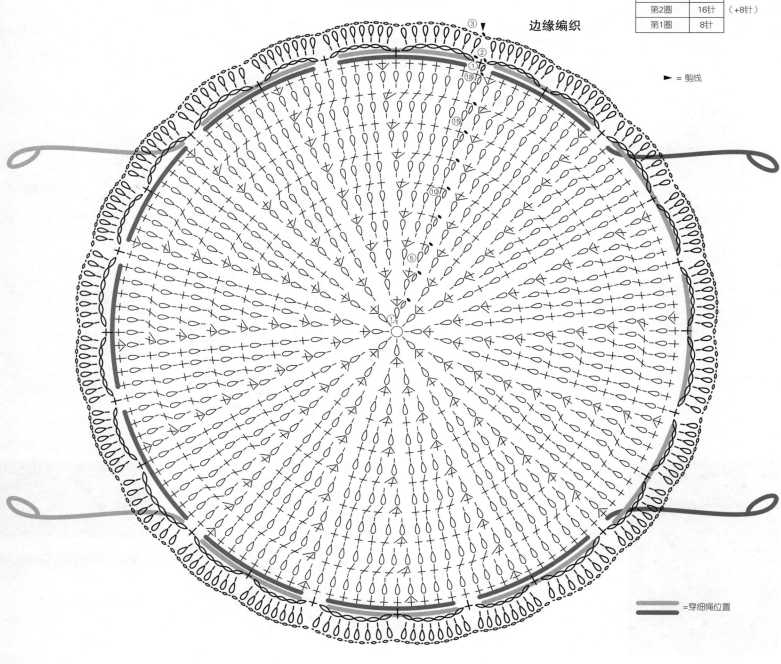

► = 剪线

= 穿细绳位置

材料
Jamieson's Shetland Spindrift 黄色（Daffodil 390）35g/2团，浅灰色（Sholmit/Mooskit 119）、酒红色（Mantilla 517）各20g/各1团
工具
棒针5号、3号，钩针3/0号
成品尺寸
小腿围30cm，长27cm

编织密度
10cm×10cm面积内：条纹花样25针，32行
编织要点
●主体手指挂线起针后按双罗纹针和条纹花样编织，结束时做下针织下针、上针织上针的伏针收针。边缘挑取指定针数，一侧编织双罗纹针，另一侧编织条纹边缘。结束时按与主体相同的要领收针。

（双罗纹针）3号针
伏针
主体 2片
（条纹花样）3号针
27.5（68针）
（68针）起针
（双罗纹针）3号针
※除指定以外均用黄色线编织

1.5 5行
24（76行）
1.5 5行

主体的编织方法
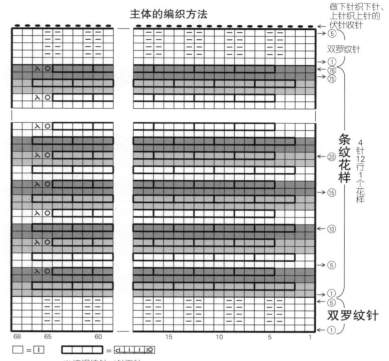
做下针织下针、上针织上针的伏针收针
双罗纹针
条纹花样
双罗纹针
4针12行1个花样

边缘A（双罗纹针）3号针
（4针）（7针）伏针 扣眼（1针）（3针）
从☆（64针）挑针
2.5 10行
※另一片从★挑针

边缘B（条纹花样）3号针
黄色（4行）酒红色（2行）黄色（4行）
伏针
从★（64针）挑针
2.5 10行
※另一片从☆挑针，酒红色的行改用浅灰色线编织

配色
□=黄色
=酒红色
=浅灰色

□=□ =□ =◁┃┃┃┃○
※编织挂针、4针下针，挑起第1针下针，将其覆盖在第2~4针的下针上

双罗纹针（边缘A）
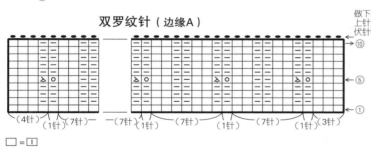
做下针织下针、上针织上针的伏针收针
10
5
1
（4针）（1针）（7针）一（7针）（1针）（7针）（7针）（1针）（7针）（1针）（3针）
□=□

条纹边缘 8针1个花样
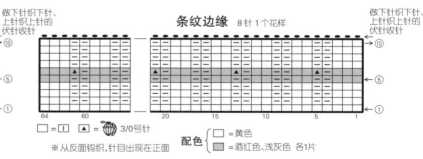
做下针织下针、上针织上针的伏针收针
10
5
1
64 60 20 15 10 5 1
□=□ ▲=🧶 3/0号针
※从反面钩织，针目出现在正面
配色
□=黄色
=酒红色、浅灰色 各1片

材料
芭贝 Alba 黄色（1109）90g/3团
工具
魔法一根针13号
成品尺寸
颈围60cm，宽30cm

编织密度
10cm×10cm面积内：编织花样19针，16行
编织要点
●锁针起针后按编织花样编织。最后将编织起点和编织终点做卷针缝缝合。

编织图见第156页▶

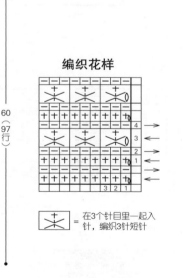

材料
Jamieson's Shetland Spindrift 肉粉色
(Coral 540)、浅蓝色(Aqua 929)各10g/各
1团，深棕色(Black/Shaela 109) 5g/1团

工具
棒针5号、3号

成品尺寸
掌围18cm，长16.5cm

编织密度
10cm×10cm面积内：条纹花样B 29针，
52行

编织要点
●手指挂线起针后，按扭针的单罗纹针和条
纹花样A、B、A'环形编织。结束时做扭针
织扭针、上针织上针的伏针收针。

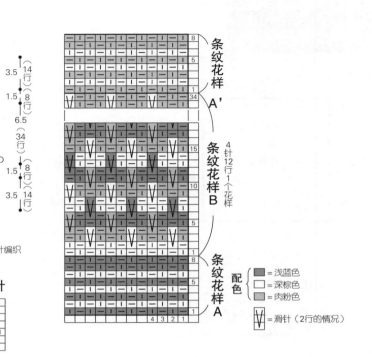

护腕
2个
伏针

（扭针的单罗纹针）
3号针 肉粉色

（条纹花样A'）

（条纹花样B）

（条纹花样A）

（扭针的单罗纹针）
3号针 浅蓝色

3.5（14行）
1.5（8行）
6.5（34行）
1.5（8行）
3.5（14行）

18（52针）

（52针）起针
※ 除指定以外均用5号针编织

扭针的单罗纹针

条纹花样A'
34

条纹花样B
15
10
5
1
4针12行1个花样

条纹花样A
8
5
1
4 3 2 1

配色
■ = 浅蓝色
□ = 深棕色
▨ = 肉粉色

Ⅴ = 滑针（2行的情况）

◀接第155页

围脖
（编织花样）
魔法一根针 13号

60（97行）

30（57针）起针

编织花样

4
3
2
1
3 2 1

⊹ = 在3个针目里一起入针，编织3针短针

编织花样的编织方法

1 第1行编织短针。第2行将针上的线圈作为
第1针，接着如箭头所示，在第2针短针的
头部2根线里插入针。

2 针头挂线后拉出。

3 剩下的针目全部编织下针后拔出针，将针目
移至绳子上。翻转织片，第3行编织短针，
第4行编织下针。

4 第5行在侧边1针里立织1针锁针，然后在
3个针目里一起入针编织短针。

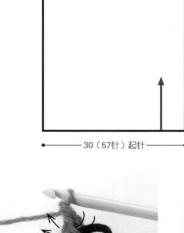

5 编织3针短针并1针后的状态。接着在相同
针目里编织2针短针。

6 重复"在3个针目里一起入针，编织3针
短针"，一直编织至行末。

材料
内藤商事 Mix Nep 浅灰色(211)
[S号] 340g/5团 ;直径11.5mm的纽扣7颗
[M号] 365g/5团 ;直径11.5mm的纽扣7颗
[L号] 420g/6团 ;直径11.5mm的纽扣7颗
[XL号] 470g/6团 ;直径11.5mm的纽扣8颗
工具
棒针5号、4号、6号
成品尺寸
[S号] 胸围85cm,衣长58.5cm,连肩袖长72cm
[M号] 胸围92cm,衣长60.5cm,连肩袖长74cm
[L号] 胸围103cm,衣长63.5cm,连肩袖长77.5cm
[XL号] 胸围114cm,衣长65.5cm,连肩袖长80.5cm

编织密度
10cm×10cm 面积内:下针编织21.5针,28行
编织要点
●身片、袖子…手指起针,编织单罗纹针、起伏针、编织花样和下针编织。连接衣袖位置和前门襟的加减针参照图示。右前身片一边开扣眼,一边编织。前领窝减针时,2针及以上时做伏针减针,1针时端头的第3针和第4针编织2针并1针。
●组合…肩部做引拔接合,胁部和袖下使用毛线缝针做挑针缝合。衣领挑取指定数量的针目编织单罗纹针。编织终点做单罗纹针收针。衣袖和身片做引拔接合。

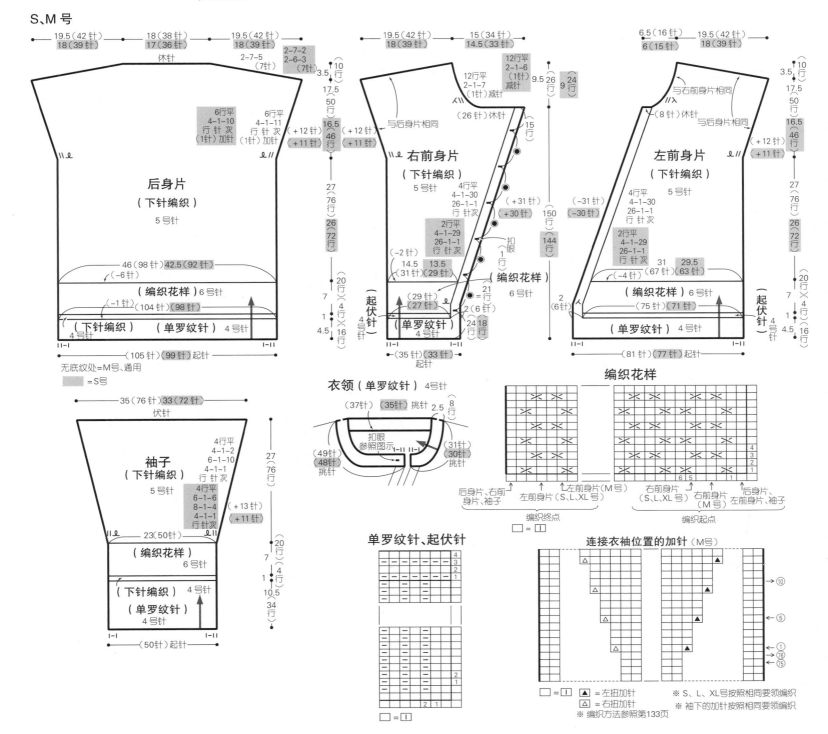

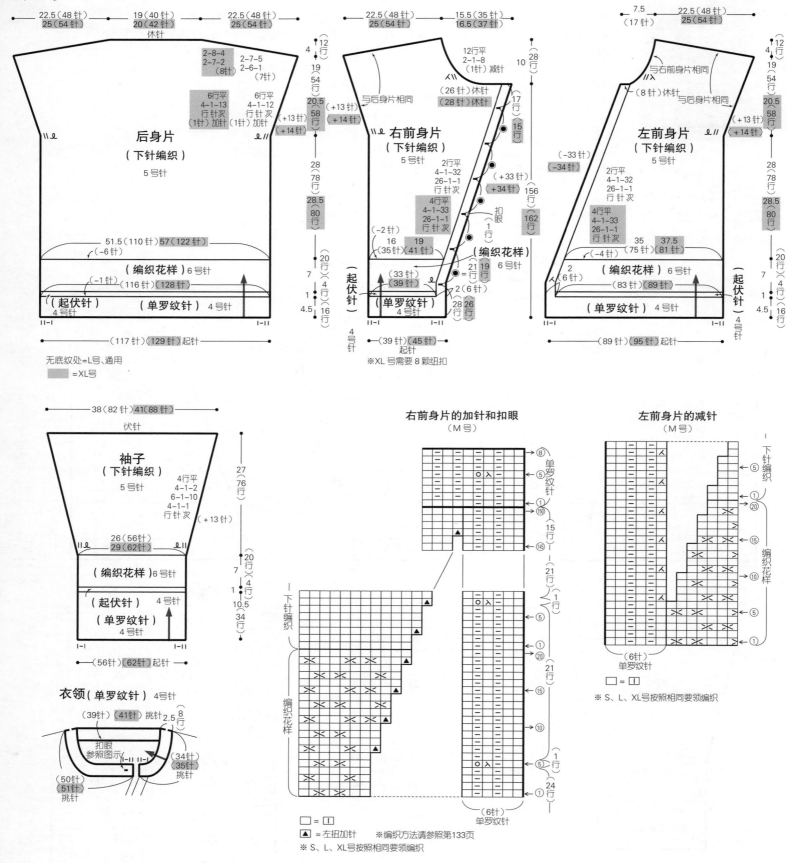

材料
奥林巴斯 Tree House Famille 蓝色(609)
215g/6团,茶色(611) 55g/2团;直径10mm
的纽扣 14颗
工具
棒针7号、5号
成品尺寸
胸围100cm,肩宽40cm,衣长63cm
编织密度
10cm×10cm面积内:编织花样A、下针编
织均为20.5针,28行

编织要点
●身片…另线锁针起针后,做编织花样A、B
和下针编织。注意编织花样B的前领部分
有变化,请参照图示编织。减针时,2针及
以上时做伏针减针,1针时立起侧边1针减
针。下摆解开起针时的锁针挑针后编织单罗
纹针,结束时做单罗纹针收针。
●组合…肩部做盖针接合,胁部做挑针缝
合。袖窿挑取指定针数后环形编织单罗纹针,
结束时按与下摆相同的要领收针。衣领参照
图示做往返编织,注意消行时有一部分要将
挂针拉到前侧边编织。结束时按与下摆相同的
要领收针。最后缝上装饰性纽扣。

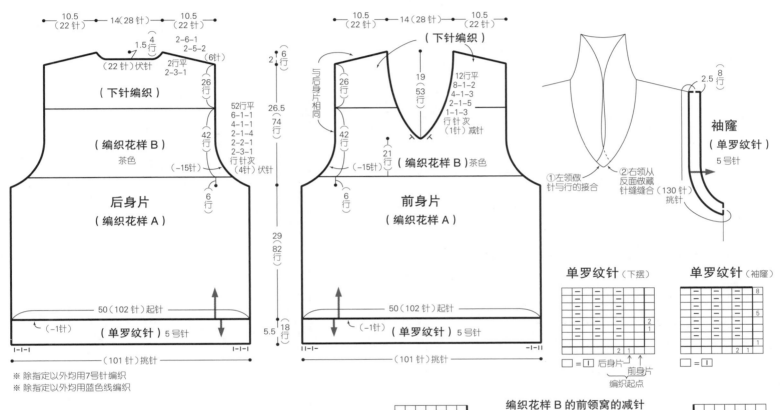

※除指定以外均用7号针编织
※除指定以外均用蓝色线编织

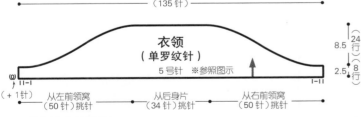

编织花样B的前领窝的减针

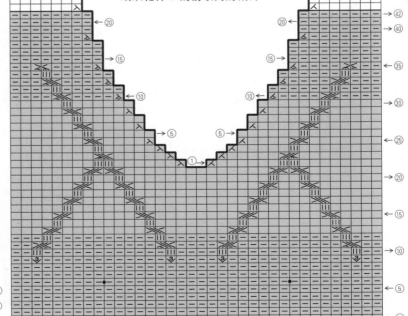

编织花样A

□ = □ 1

🔲 = [123] 1针放3针的加针
‖‖‖ = 3针下针

左上3针与1针的交叉(下侧为中上3针并1针)
右上3针与1针的交叉(下侧为上针)
左上3针与1针的交叉
右上3针与1针的交叉
左上3针与1针的交叉

左上3针与1针的交叉(下侧为中上3针并1针)
左上3针与1针的交叉(下侧为中上3针并1针)
左上1针交叉(上侧为中上3针并1针)
右上1针交叉(上侧为中上3针并1针,下侧为上针)
□ = □ 1

● = 缝纽扣位置

配色 { ▨ =茶色 □ =蓝色

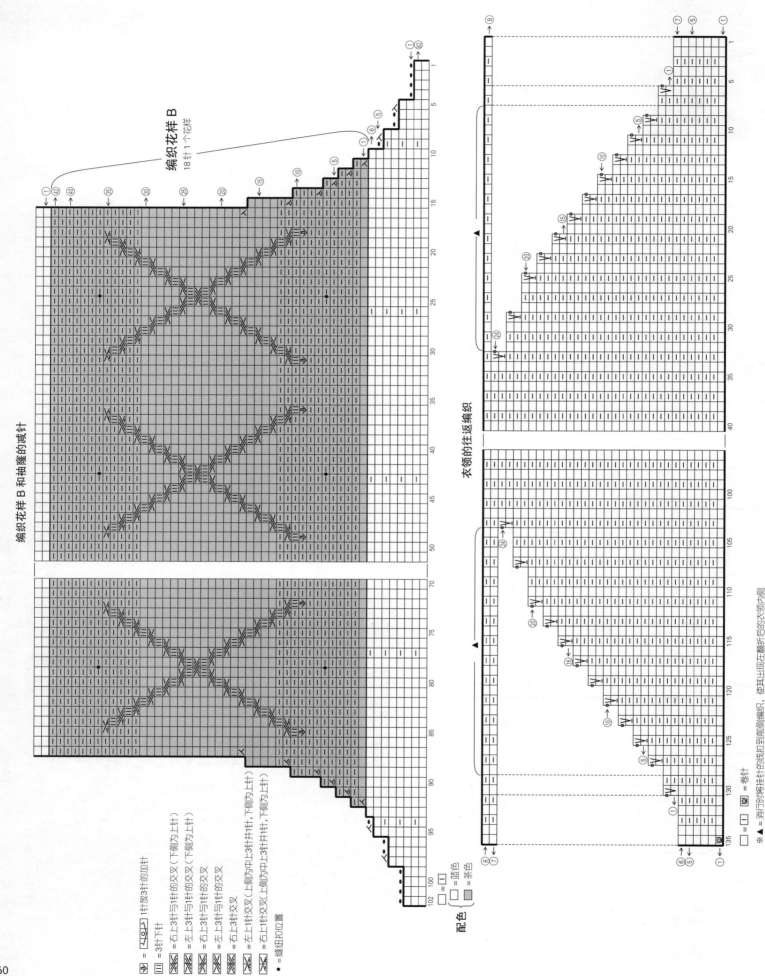

编织花样 B

18针1个花样

编织花样 B 和袖窿的减针

衣领的往返编织

配色
□ = □ = 蓝色
□ = 米色

=右上3针与1针的加针
Ⅲ = 3针下针
=右上3针与1针的交叉（下侧为上针）
=左上3针与1针的交叉（下侧为上针）
=右上3针与1针的交叉
=左上3针与1针的交叉
=右上3针的交叉
=左上1针交叉（上侧为中上3针并针，下侧为上针）
=右上1针交叉（上侧为中上3针并针，下侧为上针）
• = 缝纽扣位置

□ = □ = 下针　□ = ◙ = 卷针
※ ▲ = 消行时将花样针的线拉扯到前侧编织，使其出现在左翻折后的衣领外侧

材料
奥林巴斯 Tree House Palace Tweed 原白色
（510）395g/10团，灰色（503）150g/4团
工具
棒针9号
成品尺寸
胸围106cm，衣长68cm，连肩袖长76.5cm
编织密度
10cm×10cm面积内：下针编织17.5针，
24行；编织花样A、B均为17.5针，28行；
编织花样C 17.5针，27.5行

编织要点
●身片、袖子…身片手指挂线起针后，做起伏针及编织花样A、B和下针编织。颜色交界处纵向渡线编织。注意后身片在指定位置加减针。领窝减针时，2针及以上时做伏针减针，1针时立起侧边1针减针。肩部做盖针接合。袖子从指定位置挑针后，做下针编织、起伏针、编织花样C。袖下的减针是在端头的第2针和第3针里编织2针并1针。结束时做伏针收针。
●组合…胁部、袖下做挑针缝合。衣领挑取指定针数后做上针编织，结束时做上针的伏针收针。

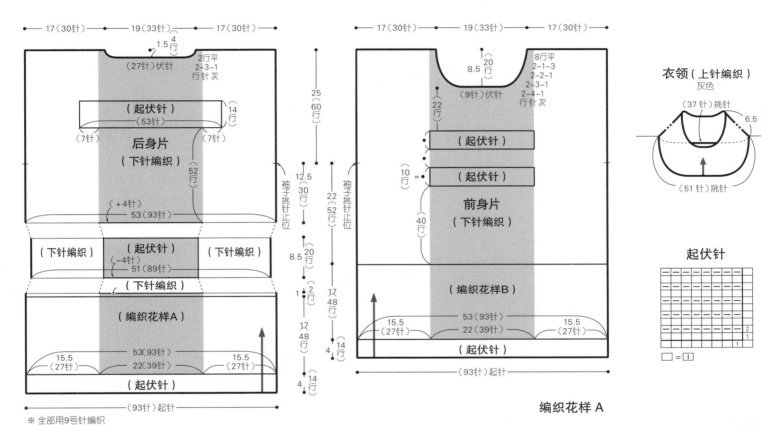

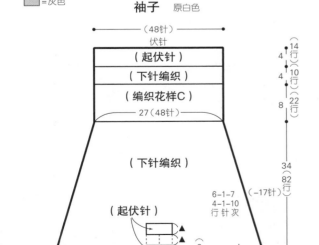

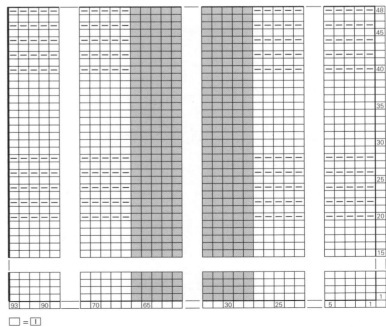

编织花样 B

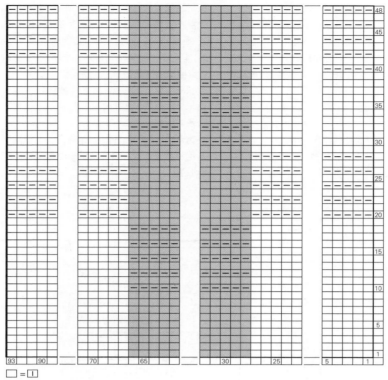

□ = 〡

配色 { □ = 原白色
      ▨ = 灰色 }

编织花样 C

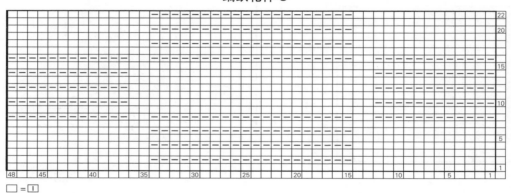

□ = 〡

纵向渡线编织配色花样的方法

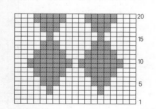

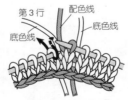

第3行

1 在菱形图案的各个顶端分别加线开始编织。

第4行

2 换成配色线时,从底色线的下方渡线交叉后编织。

3 换成底色线时也一样,从配色线的下方渡线交叉后编织。

第5行

4 看着正面编织的行也是将编织线从下方渡线交叉后编织。

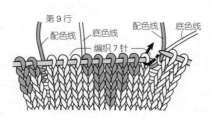

第9行

5 由于这个花样是每2行变化1次的菱形图案,所以是在下针行变换花样。

第10行

6 上针行按与前一行相同的颜色编织。换色时交叉2种颜色的线。

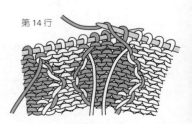

第14行

7 这是正在编织第14行时反面的状态。

材料
奥林巴斯 Primeur 深绿色（6）290g/8团，
象牙白色（2）10g/1团
工具
棒针6号、4号
成品尺寸
胸围104cm，肩宽40cm，衣长65.5cm
编织密度
10cm×10cm面积内：编织花样23针，31行

编织要点
●身片…另线锁针起针后按编织花样编织。
减针时，2针及以上时做伏针减针，1针时立
起侧边1针减针。下摆解开起针时的锁针挑
针后编织单罗纹针条纹A，结束时做单罗纹
针收针。
●组合…肩部做盖针接合，胁部做挑针缝
合。衣领、袖口挑取指定针数后按单罗纹针
条纹B和C环形编织，结束时按与下摆相同
的要领收针。

后身片
（编织花样）
6号针 深绿色

9.5（22针）　17（39针）　9.5（22针）

1.5 4行
（29针）伏针
2-5-2
2-4-2（4针）
2行平
2-5-1

46行平
6-1-1
4-1-2
2-1-3
2-2-3
2-3-1 行针次
（4针）伏针（-19针）

52（121针）起针
（单罗纹针条纹A）4号针
（-17针）
（104针）挑针

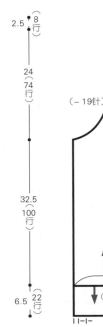

2.5 8行
24（74行）
32.5（100行）
6.5 22行

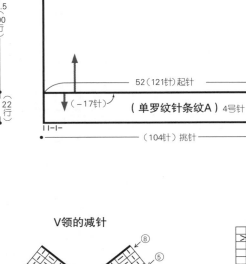

前身片
（编织花样）
6号针 深绿色

9.5（22针）　17（39针）　9.5（22针）

与后身片相同
（-19针）

21（66行）
8行平
4-1-5
2-1-1
4-1-1 >5次
2-1-4 行针次

16行
（1针）休针

52（121针）起针
（单罗纹针条纹A）4号针
（-17针）
（104针）挑针

单罗纹针条纹A

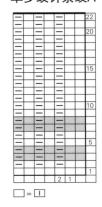

□ = |

单罗纹针条纹B 　**单罗纹针条纹C**

□ = |

配色 {
□ = 深绿色
▨ = 象牙白色
}

衣领
（单罗纹针条纹B）
4号针

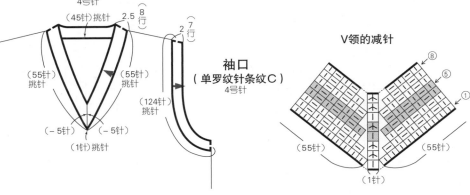

（45针）挑针 2.5（8行）
2（7行）
（55针）挑针　（55针）挑针
（-5针）　（-5针）
（1针）挑针

袖口
（单罗纹针条纹C）
4号针

（124针）挑针

V领的减针

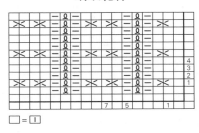

（55针）　（55针）
（1针）

编织花样

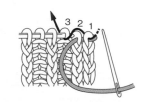

□ = |

扭针的单罗纹针收针

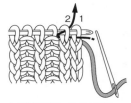

1 如箭头所示，在针目1和
针目2里插入手缝针，扭
转针目2。

2 接着，如箭头所示在针目1和
针目3里插入手缝针。

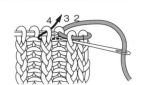

3 如箭头所示在针目2和针目4
里插入手缝针，一边扭转下针
一边做单罗纹针收针。

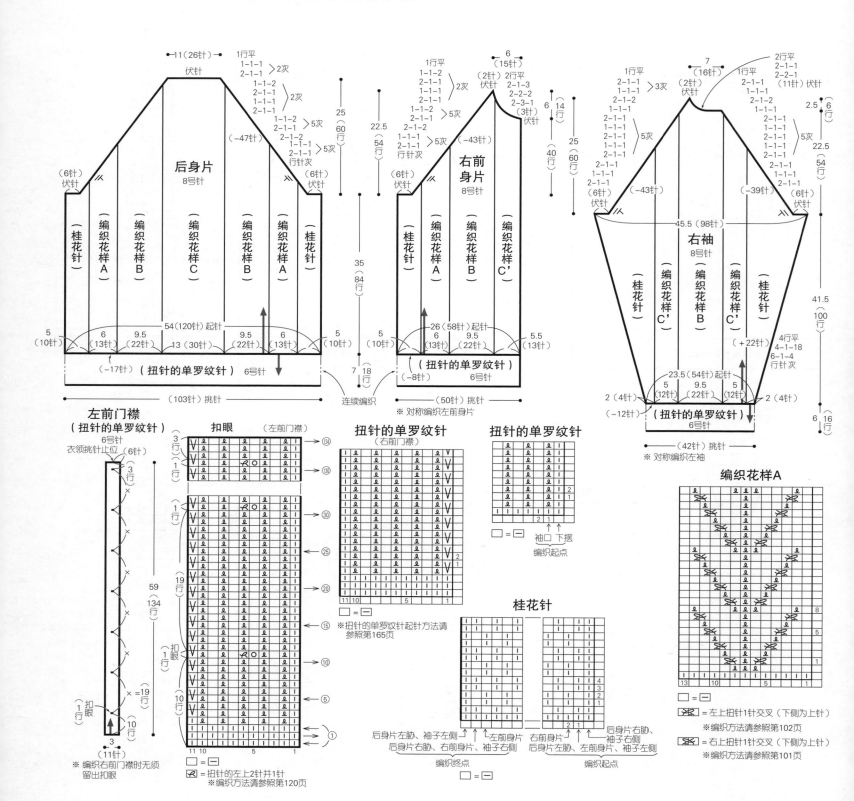

材料
奥林巴斯 Tree House Ground 灰粉色（303）
810g/21团；直径20mm的纽扣 7颗

工具
棒针8号、6号、10号

成品尺寸
胸围109cm，衣长67cm，连肩袖长78cm

编织密度
10cm×10cm面积内：桂花针20针，24行；
编织花样C、C'均为23针，24行

编织要点
●身片、袖子…另线锁针起针后，按桂花针和
编织花样的组合进行编织。腋下编织伏针，插

肩线减针时，立起侧边2针减针。领窝减针时，
2针及以上时做伏针减针，1针时立起侧边1
针减针。袖下的加针是在1针内侧做扭针加针。
●组合…胁部、袖下做挑针缝合。下摆、袖口
解开起针时的锁针挑针后编织扭针的单罗纹针，
结束时做扭针的单罗纹针收针。前门襟做
扭针的单罗纹针起针后开始编织。在左前门
襟留出扣眼。结束时按与下摆相同的要领收
针。前门襟与身片之间做挑针缝合。插肩线
做挑针缝合，腋下的针目做下针缝合。衣领看
着身片的正面挑针后参照图示编织，结束时按
与下摆相同的要领收针。最后缝上纽扣。

（后身片 8号针 / 右前身片 8号针 / 右袖 8号针 图解）

后身片 8号针
右前身片 8号针
※对称编织左前身片
右袖 8号针
※对称编织左袖

左前门襟（扭针的单罗纹针）6号针
扣眼（左前门襟）
扭针的单罗纹针（右前门襟）
扭针的单罗纹针
桂花针
编织花样A

□ = —
※扭针的单罗纹针起针方法请参照第165页
※ = 扭针的左上2针并1针 ※编织方法请参照第120页
※ = 左上扭针1针交叉（下侧为上针）※编织方法请参照第102页
※ = 右上扭针1针交叉（下侧为上针）※编织方法请参照第101页
※编织右前门襟时无须留出扣眼

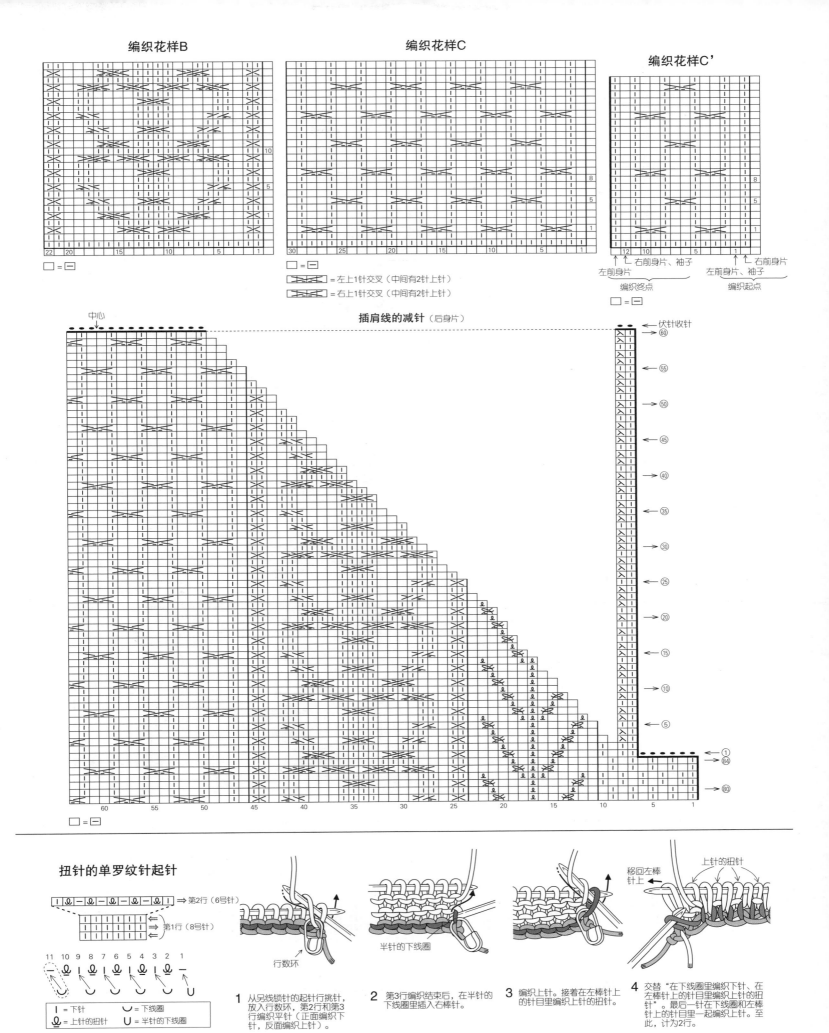

编织花样B

编织花样C

编织花样C'

□ = 二片

□ = 二片

= 左上1针交叉（中间有2针上针）

= 右上1针交叉（中间有2针上针）

左前身片

右前身片、袖子

编织终点

左前身片、袖子

右前身片

编织起点

□ = 二片

插肩线的减针（后身片）

中心

伏针收针

□ = 二片

扭针的单罗纹针起针

⇒第2行（6号针）

⇒第1行（8号针）

11 10 9 8 7 6 5 4 3 2 1

I = 下针　　U = 下线圈
Ｑ = 上针的扭针　U = 半针的下线圈

1 从另线锁针的起针行挑针，放入行数环，第2行和第3行编织平针（正面编织下针，反面编织上针）。

行数环

2 第3行编织结束后，在半针的下线圈里插入右棒针。

半针的下线圈

3 编织上针。接着在左棒针上的针目里编织上针的扭针。

移回左棒针上

上针的扭针

4 交替"在下线圈里编织下针、在左棒针上的针目里编织上针的扭针"。最后一针在下线圈和左棒针上的针目一起编织上针。至此，计为2行。

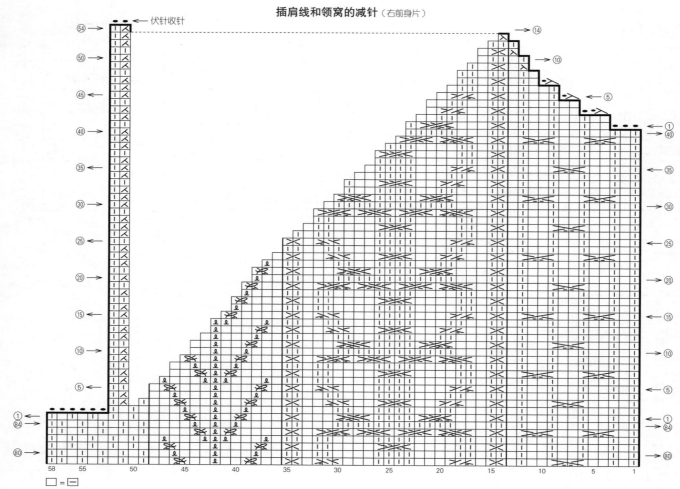

插肩线和领窝的减针（右前身片）

衣领（扭针的单罗纹针）
调整密度

领窝的减针（右袖）

领窝的减针（左袖）

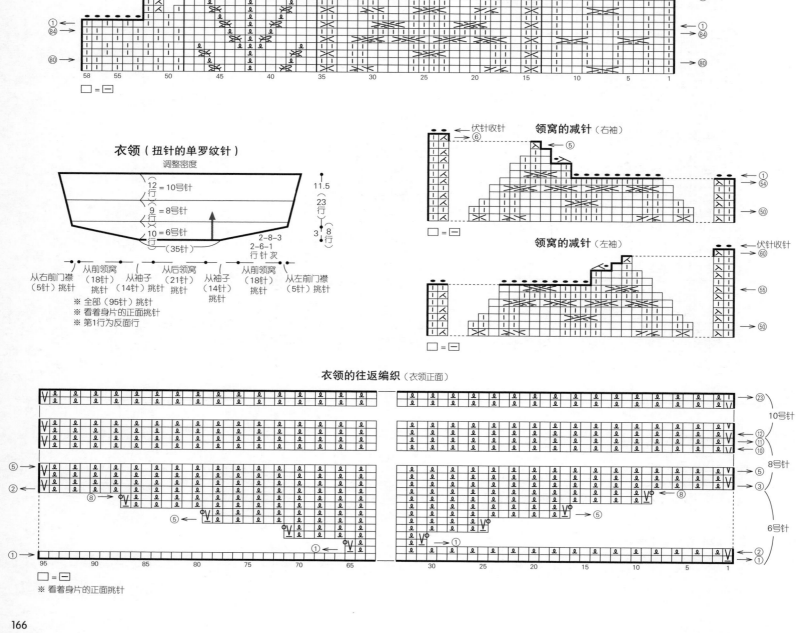

衣领的往返编织（衣领正面）

□ = —

※ 看着身片的正面挑针

材料

[披肩] 钻石线 Dia Swan 灰色(801) 470g/10团

[半身裙] 钻石线 Dia Silkneige 紫色、蓝色和黄色系段染(604) 405g/14团；宽20mm的松紧带75cm

工具

钩针 10/0 号、6/0 号

成品尺寸

[披肩] 宽45cm，长173cm

[半身裙] 腰围80cm，裙长70.5cm

编织密度

10cm×10cm面积内：编织花样A 15针，7行；编织花样B 17.5针，11.5行

编织要点

●披肩…锁针起针后按编织花样A钩织。接着钩织边缘编织，在编织起点处也要加线钩织边缘编织。

●半身裙…锁针起针后按编织花样B、B'钩织。参照图示整理裙裾。将起针行的锁针与最后一行针目的头部做卷针缝缝合。将松紧带的两端重叠1cm后缝成环状。腰头挑取指定针数后环形钩织长针。将松紧带夹在腰头中间，再将腰头向内侧翻折后松松地做藏针缝缝合。

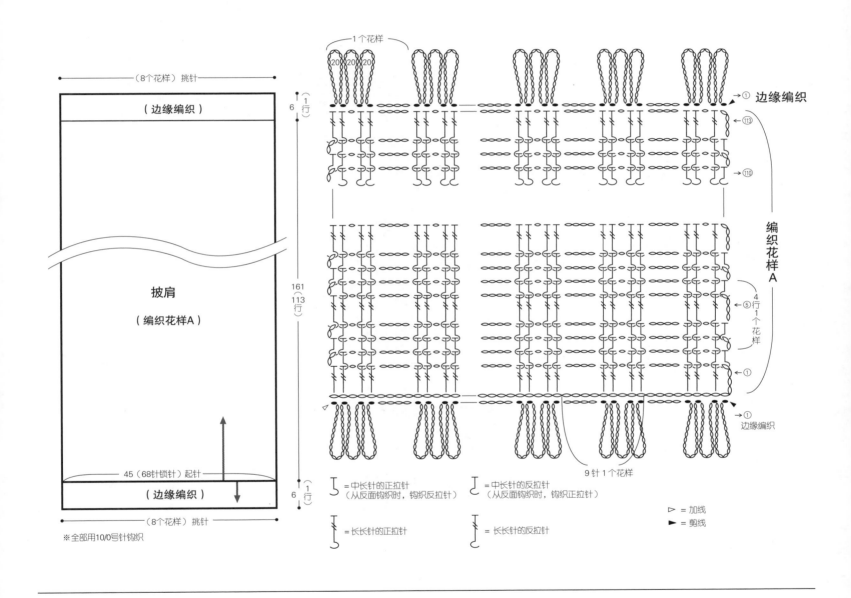

长针的正拉针

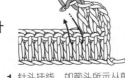

1 针头挂线，如箭头所示从前面将钩针插入前一行长针的根部，将线拉出。

2 针头挂线，从钩针上的2个线圈中引拔。

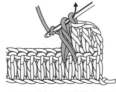

3 再次挂线，从钩针上的2个线圈中引拔。

4 1针长针的正拉针完成后的样子。

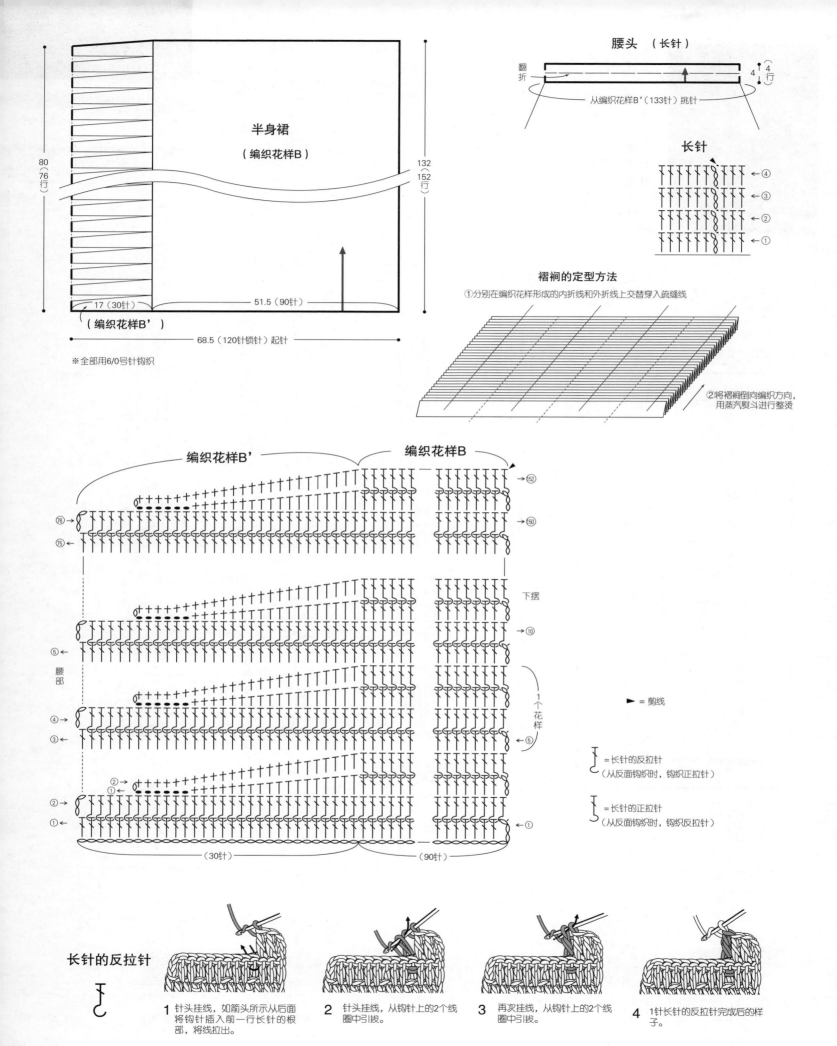

腰头 （长针）

翻折

从编织花样B'（133针）挑针

4 { 4行

长针

← ④
← ③
← ②
← ①

半身裙

（编织花样B）

80（76行）

132
152行

褶裥的定型方法

①分别在编织花样形成的内折线和外折线上交替穿入疏缝线

②将褶裥倒向编织方向，用蒸汽熨斗进行整烫

17（30针）

51.5（90针）

（编织花样B'）

68.5（120针锁针）起针

※全部用6/0号针钩织

编织花样B'

编织花样B

152

76→

150

75←

下摆

10

5←

腰部

4→

3←

1个花样

5

2←
1←

1

► = 剪线

（30针）

（90针）

= 长针的反拉针
（从反面钩织时，钩织正拉针）

= 长针的正拉针
（从反面钩织时，钩织反拉针）

长针的反拉针

1 针头挂线，如箭头所示从后面将钩针插入前一行长针的根部，将线拉出。

2 针头挂线，从钩针上的2个线圈中引拔。

3 再次挂线，从钩针上的2个线圈中引拔。

4 1针长针的反拉针完成后的样子。

材料

内藤商事 Everyday Norwegia 灰色(428)
525g/6团,蓝色(421)60g/1团,米色(441)
35g/1团

工具

钩针6/0号

成品尺寸

肩宽45cm,裙长108cm

编织密度

花片的边长为31cm;10cm×10cm面积内:
编织花样21针,13行

编织要点

● 先钩织好2片花片备用。身片参照图示按①~⑦的顺序钩织。锁针起针后从领窝开始按编织花样钩织。②钩织结束后,与花片的一条边做半针的卷针缝缝合。③从花片上挑针钩织。身片钩织完成后,在胁部、下摆、领窝钩织1行短针调整形状。最后参照图示制作2个流苏,在指定位置钩织细绳连接。

67 页的作品 ★★★

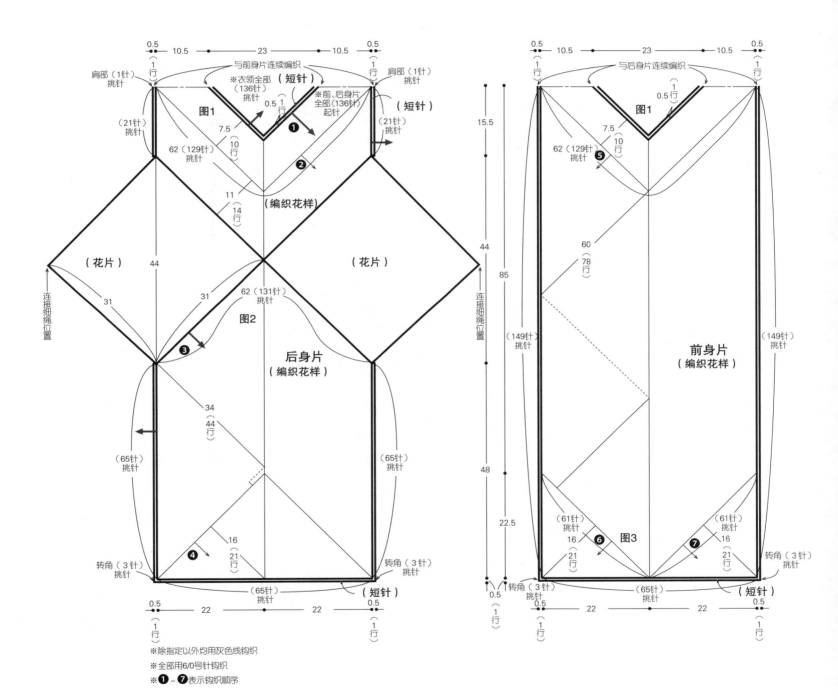

※除指定以外均用灰色线钩织

※全部用6/0号针钩织

※①~⑦表示钩织顺序

花片 2片

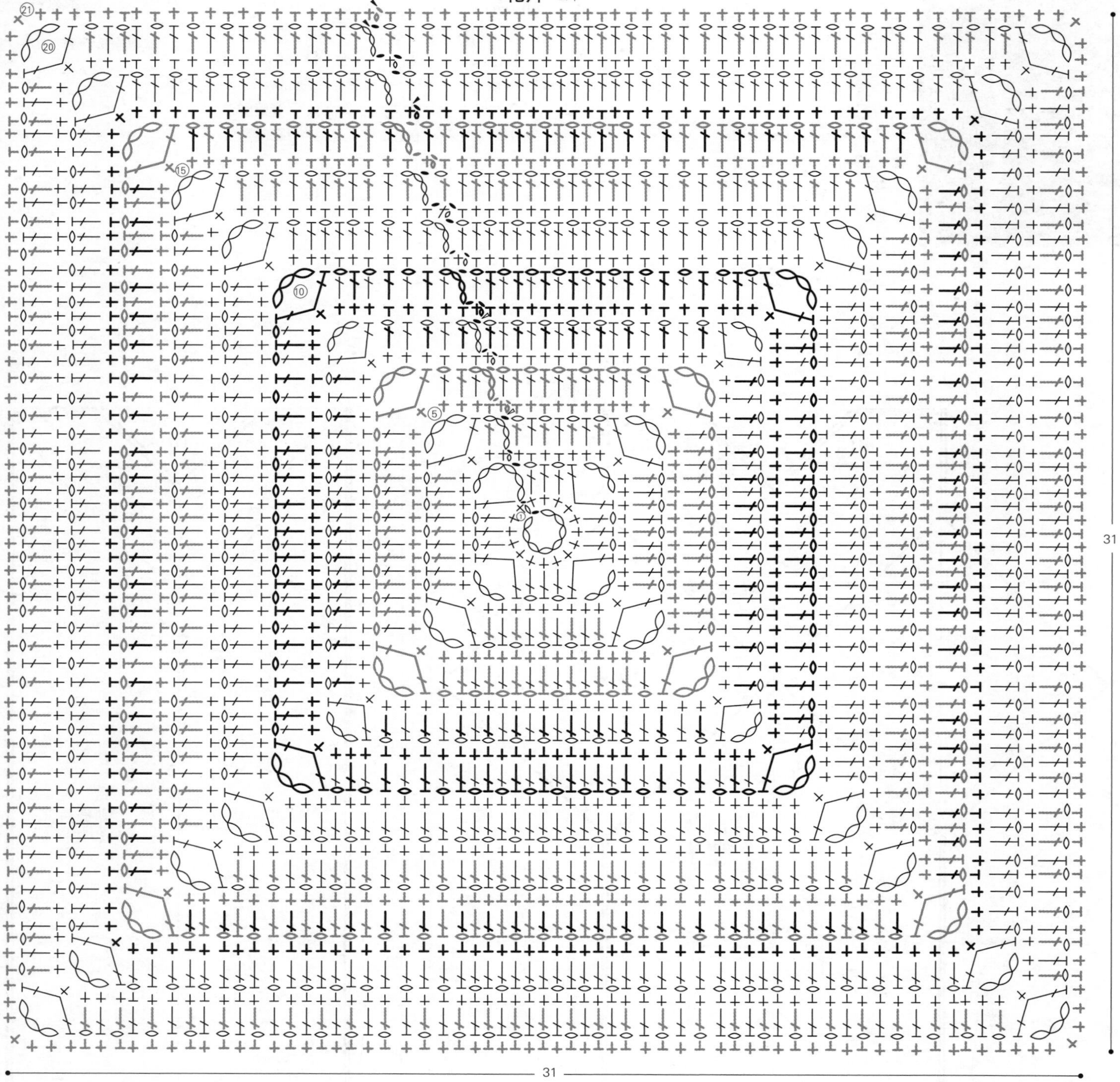

31

31

▷ = 加线
► = 剪线

$\dagger$ = 将前一行针目倒向前侧，在前2行里钩织长针

配色 {
—— = 灰色
—— = 蓝色
—— = 米色
}

细绳的钩织方法和组合方法

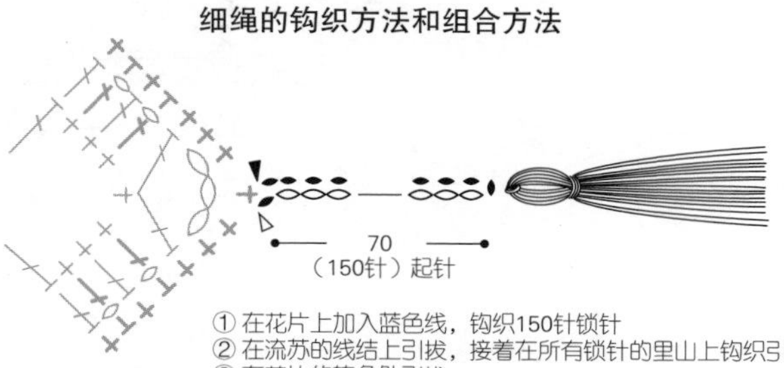

流苏的制作方法
2个

将线头藏在流苏中
用蓝色线打结
3
10.5
修剪整齐

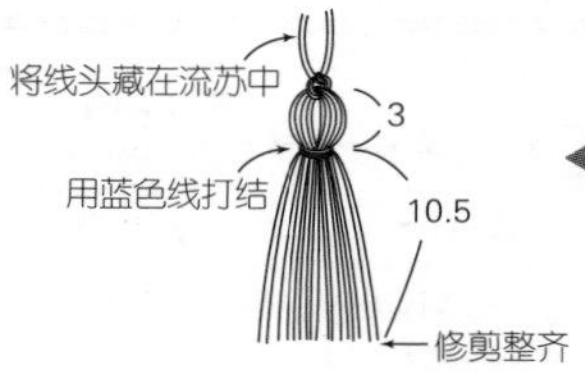

在线结往下3cm处打结，
将下端修剪整齐

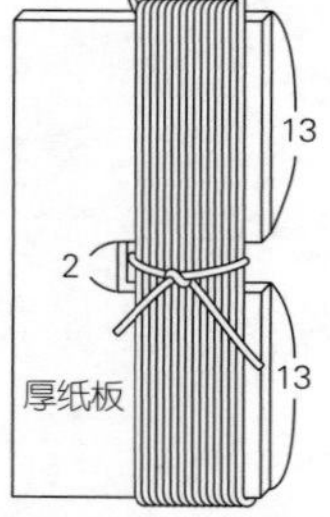

13
2
13
厚纸板

取灰色、蓝色和米色线共3根，
在厚纸板上缠绕15圈，用线在
中心扎紧后从厚纸板上取下

70
（150针）起针

① 在花片上加入蓝色线，钩织150针锁针
② 在流苏的线结上引拔，接着在所有锁针的里山上钩织引拔针
③ 在花片的转角处引拔

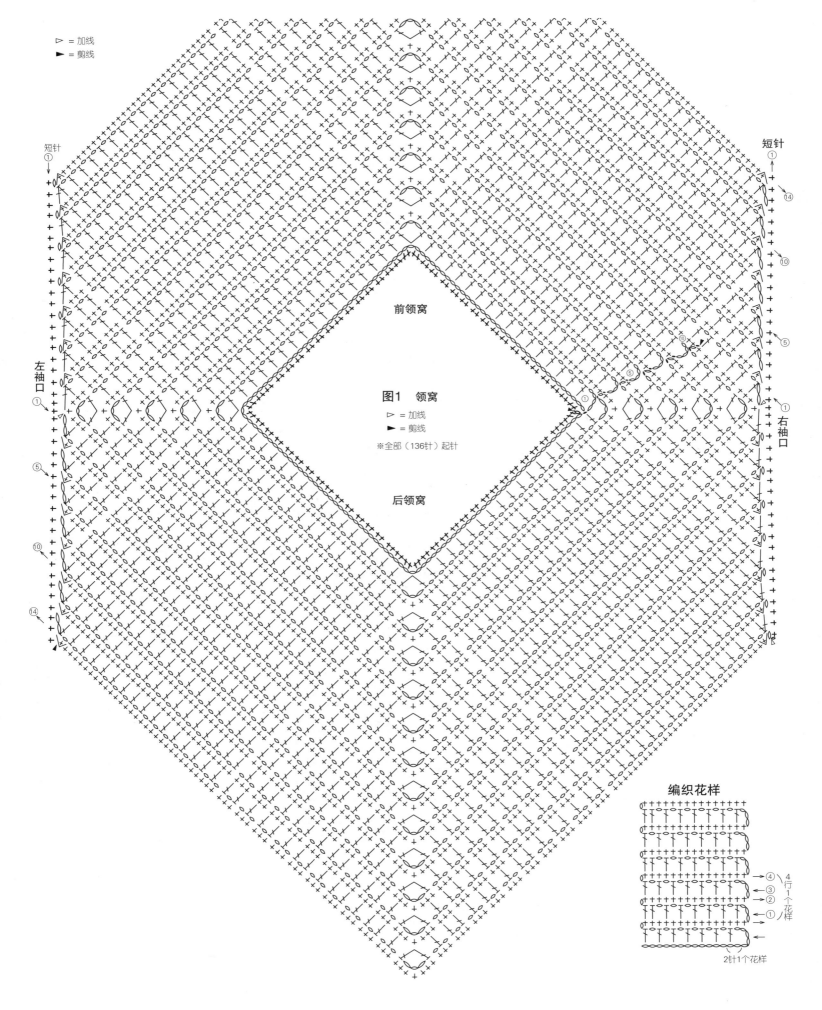

短针
①

左袖口
①
⑤
⑩
⑭

短针
①
⑭
⑩
⑤
①

右袖口
①

▷ = 加线
► = 剪线

前领窝

后领窝

图1　领窝

▷ = 加线
► = 剪线

※全部（136针）起针

编织花样

→④
→③
→②
→①

4行1个花样

2针1个花样

171

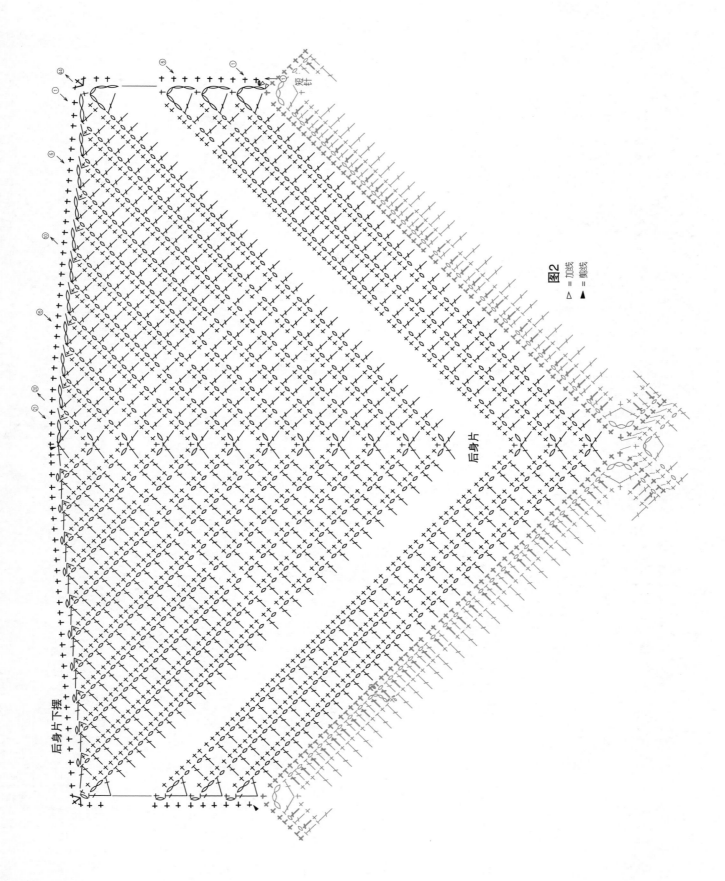

图2

△ = 加线
▲ = 剪线

后身片

后身片下摆

短针

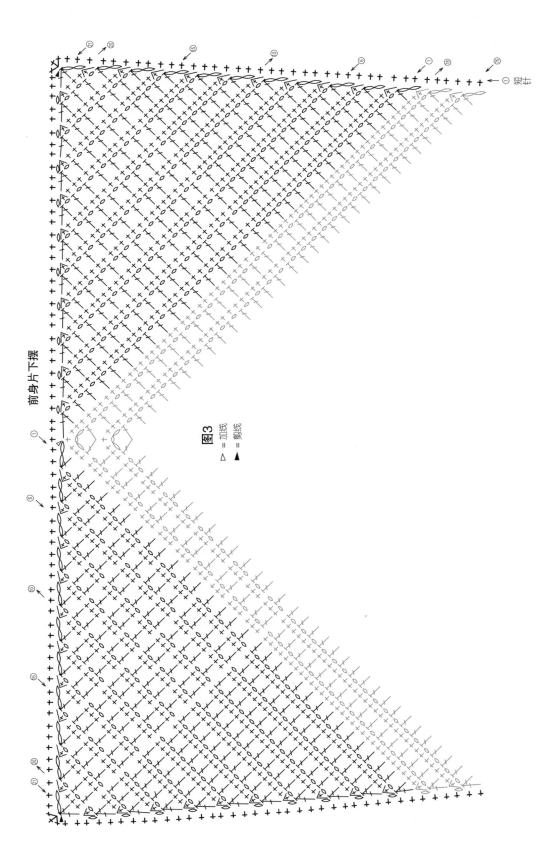

图3

△ = 加线
▲ = 剪线

前身片下摆

材料

[半身裙] 钻石线 Diaadele 原白色(401)
350g/9 团；宽 25mm 的松紧带 74cm

[露指手套] 钻石线 Diaadele 原白色(401)
45g/2 团

工具

钩针 7/0 号、5/0 号

成品尺寸

[半身裙] 腰围 84cm，裙长 63.5cm

[露指手套] 掌围 21cm，长 24.5cm

编织密度

10cm×10cm 面积内：编织花样 A 23 针，
14 行；编织花样 B 23 针 10cm，2 行 1.5cm；
编织花样 C、C' 均为 1 个花样 10.5cm，7
行 10cm

编织要点

●半身裙…前、后裙片〈上〉锁针起针后按编织
花样 A 钩织，参照图示减针。前、后裙片〈下〉
从起针行挑针后，按编织花样 B、C 钩织。胁
部钩织引拔针和锁针缝合。下摆环形钩织边
缘，腰头环形钩织长针。将松紧带的两端重
叠 2cm 后缝成环状，将松紧带夹在腰头中间，
再将腰头向内侧翻折后松松地做藏针缝缝
合。

●露指手套…锁针起针后按编织花样 B、C'
钩织。袖口一侧从起针行挑针后按编织花样
A 钩织。侧边留出拇指穿入口，钩织引拔针和
锁针缝合。拇指挑取指定针数后，环形钩织
短针。指尖一侧环形钩织边缘。

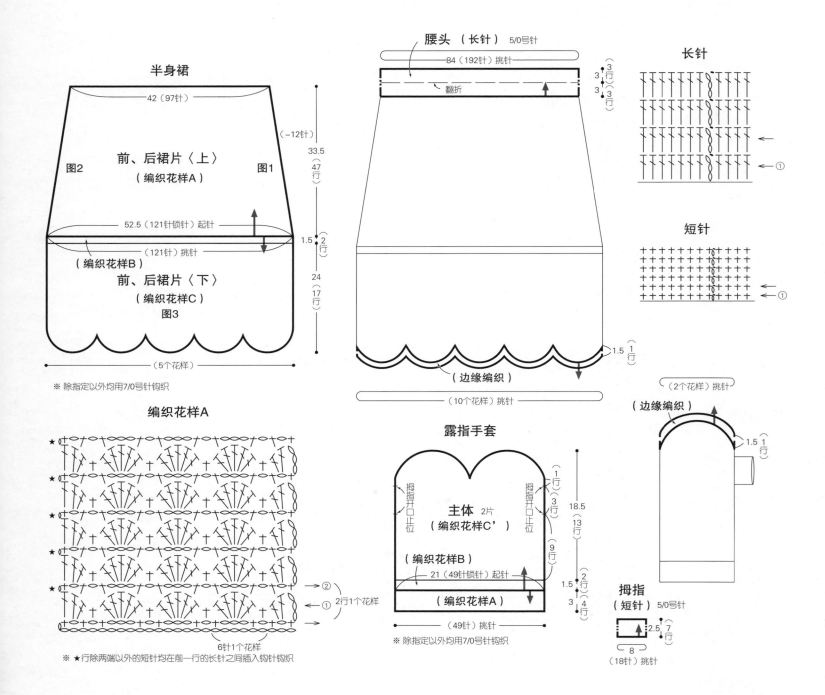

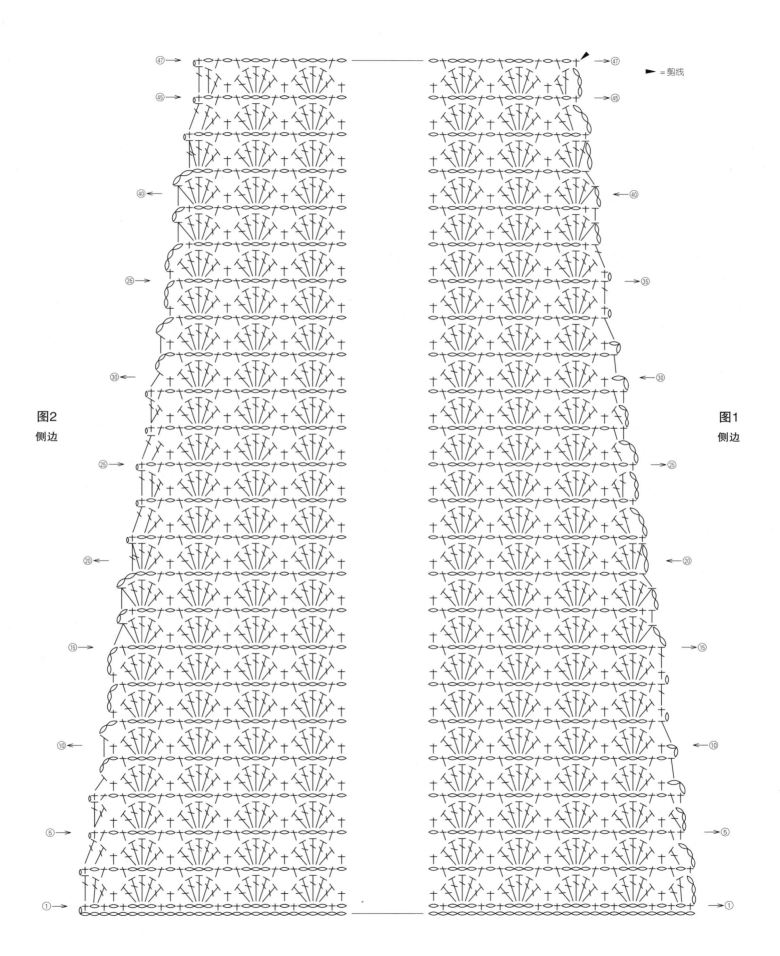

图2
侧边

图1
侧边

► = 剪线

图3

前、后裙片〈下〉和下摆

1个花样

▷ =加线
► =剪线

边缘编织

①
⑰
⑮
⑩
⑤

编织花样C

①
②
①

编织花样B

176

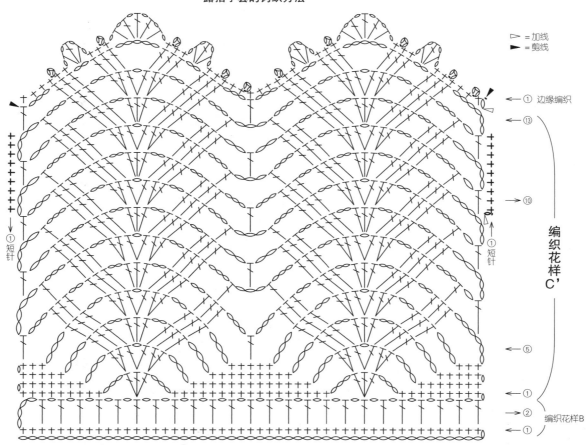

▷ =加线
► =剪线

① 边缘编织

⑬

① 短针

⑩

① 短针

⑤

①

② 编织花样B

①

编织花样C'

A

B　C

D　E

材料
奥林巴斯 Fino
[A] 原白色(1) 125g/5团
[B] 浅紫色(3) 125g/5团
[C] 酒红色(4) 90g/4团
[D] 薄荷绿色(2) 85g/4团,原白色(1) 15g/1团
[E] 紫色(5) 170g/7团,酒红色(4) 30g/2团

工具
钩针7/0号

成品尺寸
[A、B] 宽35cm,长157cm
[C、D] 参照图示
[E] 宽52cm,长157cm

编织密度
花片的边长为17cm

编织要点
●通用…钩织连接花片。从第2片花片开始,一边钩织一边在最后一圈与相邻花片连接,注意花片的朝向。钩织边缘编织,系上流苏。
●作品E再钩织1条细绳,穿在指定位置。

72、73页的作品★★★

花片的片数

	花片a	花片b
A	16片	
B	16片	
C	11片	
D	6片	5片
E	12片	12片

花片b的配色

	第1~3圈	第4~6圈
D	原白色	薄荷绿色
E	酒红色	紫色

花片a、b　　► =剪线

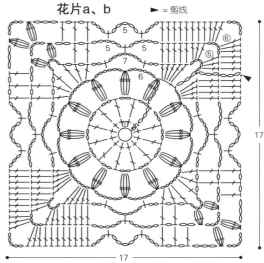

17

17

※花片b按指定配色钩织

A、B

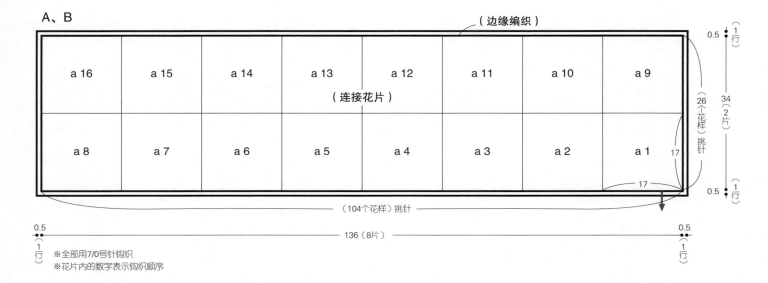

（边缘编织）

a 16	a 15	a 14	a 13	a 12	a 11	a 10	a 9

（连接花片）

a 8	a 7	a 6	a 5	a 4	a 3	a 2	a 1

17

17

0.5 ┤ （1行）

0.5 ┤ （1行）

34（2片）

（26个花样）挑针

（104个花样）挑针

0.5 （1行）   136（8片）   0.5 （1行）

※全部用7/0号针钩织
※花片内的数字表示钩织顺序

花片的连接方法 （A、B）

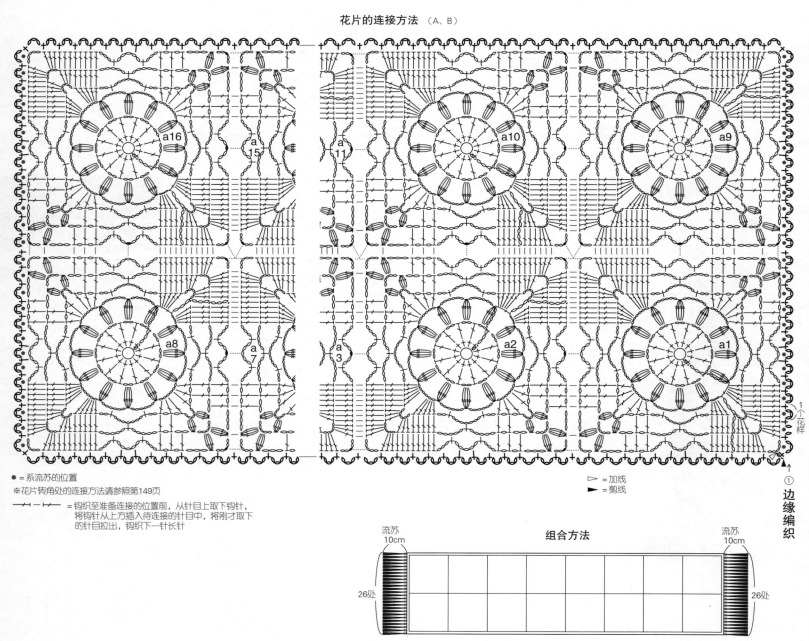

● ＝系流苏的位置
※花片转角处的连接方法请参照第149页

┄┼┄┼┄ ＝钩织至准备连接的位置前，从针目上取下钩针，
将钩针从上方插入待连接的针目中，将刚才取下
的针目拉出，钩织下一针长针

▷ ＝加线
► ＝剪线

① 边缘编织

1个花样

组合方法

流苏
10cm

流苏
10cm

26处

26处

※流苏是将3根22cm长的线对折后系上

花片的连接方法（C）　※作品D也按相同要领连接

※花片转角处的连接方法请参照第149页

● = 系流苏的位置

⊢⊣ = 钩织至准备连接的位置前，从针目上取下钩针，
将钩针从上方插入待连接的针目中，将刚才取下
的针目拉出，钩织下一针长针

▷ = 加线
► = 剪线

C、D

0.5　102（6片）　0.5
1行　　　　　　　1行

（78个花样）挑针
（边缘编织）薄荷绿色（D）

（连接花片）

| a 6 (b 6) | a 7 | a 8 (b 8) | a 9 | a 10 (b 10) | a 11 |

17（13个花样）挑针
1行

（65个花样）挑针

| a 5 |
| a 4 (b 4) |
| a 3 |
| a 2 (b 2) |
| a 1　17 |

102（6片）
（78个花样）挑针

（65个花样）挑针

（13个花样）挑针
0.5　17（1枚）　0.5
1行　　　　　　1行

边缘编织
①

※全部用7/0号针钩织
※（　）内为作品D的花片
※花片D的a用薄荷绿色线钩织
※花片内的数字表示连接顺序

组合方法

流苏10cm
13处

流苏10cm
13处

※流苏是将3根22cm长的线
对折后系上
C = 酒红色
D = 薄荷绿色

179

E

b 24	a 23	b 22	a 21	b 20	a 19	b 18	a 17
a 16	b 15	a 14	b 13	a 12	b 11	a 10	b 9
b 8	a 7	b 6	a 5	b 4	a 3	b 2	a 1

（连接花片）

0.5（1行）

51（39个花样）挑针 3片

17

0.5（1行）

17

17

（104个花样）挑针

0.5（1行）

136（8片）

0.5（1行）

※全部用7/0号针钩织
※花片内的数字表示连接顺序

▷ = 加线
► = 剪线

花片的连接方法（E）　★ = 穿细绳位置

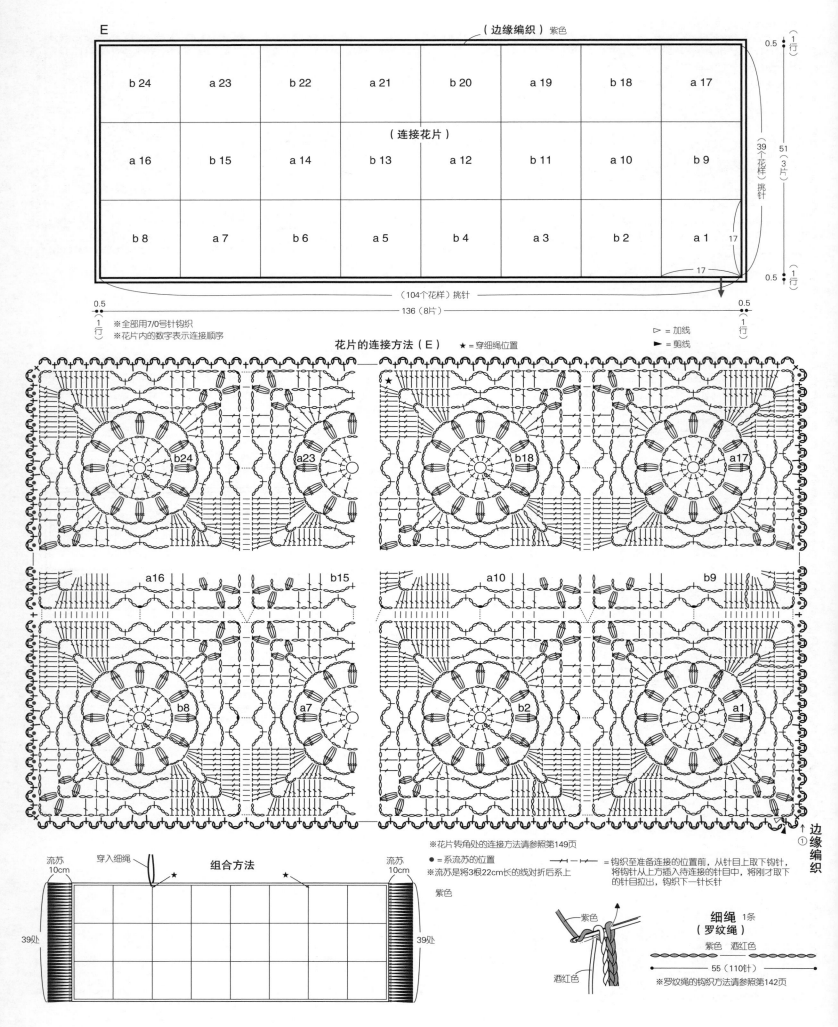

b24　a23　b18　a17

a16　b15　a10　b9

b8　a7　b2　a1

边缘编织 ①

※花片转角处的连接方法请参照第149页
● = 系流苏的位置
※流苏是将3根22cm长的线对折后系上

组合方法

流苏 10cm　穿入细绳 ★　★　流苏 10cm

39处　　　　　　　　　　39处

紫色

——— = 钩织至准备连接的位置前，从针目上取下钩针，将钩针从上面插入待连接的针目中，将刚才取下的针目拉出，钩织下一针长针

细绳 1条
（罗纹绳）

紫色　酒红色

55（110针）

※罗纹绳的钩织方法请参照第142页

180

材料
内藤商事 Baby Love 线的色名、色号和使用
量请参照图表；宽40mm的松紧带80cm

工具
钩针5/0号、6/0号（用于起针）

成品尺寸
[半身裙] 腰围78cm，裙长74.5cm
[围巾] 宽16cm，长140cm

编织密度
10cm×10cm面积内：条纹花样A、C均为
21.5针，9行；编织花样A 18.5针，10行

编织要点
●半身裙…锁针起针后，按条纹花样A和B、
配色花样、编织花样A环形编织。配色花样
按横向渡线的方法钩织。参照图示分散减针。
接着按编织花样B钩织腰头部分。将松紧带
的两端重叠2cm后缝成环形。将松紧带夹
在腰头中间，再将腰头向内侧翻折，与编织
花样A的最后一行做藏针缝缝合。
●围巾…锁针起针后按条纹花样C钩织。最
后钩织1行短针调整形状。

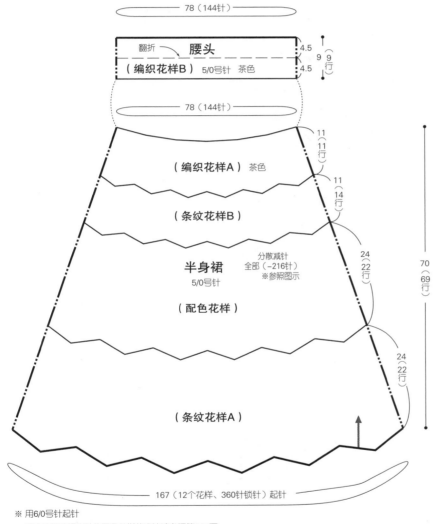

线的使用量一览表

色名（色号）	半身裙	围巾
茶色（1626）	275g/6团	25g/1团
白色（1627）	125g/3团	
蓝绿色（1620）	65g/2团	各20g/各1团
橙色（1602）	50g/1团	
灰色（1623）	45g/1团	25g/1团
黑色（1629）	40g/1团	各20g/各1团
紫红色（1611）	35g/1团	

78（144针）

翻折　　腰头　　4.5
（编织花样B）5/0号针 茶色　4.5
9 9行

78（144针）

11 11行
（编织花样A）茶色

（条纹花样B）
11 14行

半身裙　分散减针
5/0号针　全部（-216针）
※参照图示
24 22行

（配色花样）

24 22行

70 69行

（条纹花样A）

167（12个花样、360针锁针）起针

※用6/0号针起针
※横向渡线编织短针的配色花样的方法请参照第113页

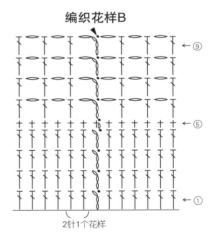

编织花样B

←⑨
←⑤
←①

2针1个花样

▶ = 剪线

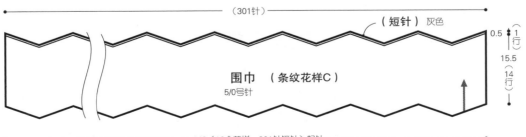

（301针）
（短针）灰色
0.5 1行

围巾　（条纹花样C）　　15.5 14行
5/0号针

140（10个花样、301针锁针）起针

※用6/0号针起针

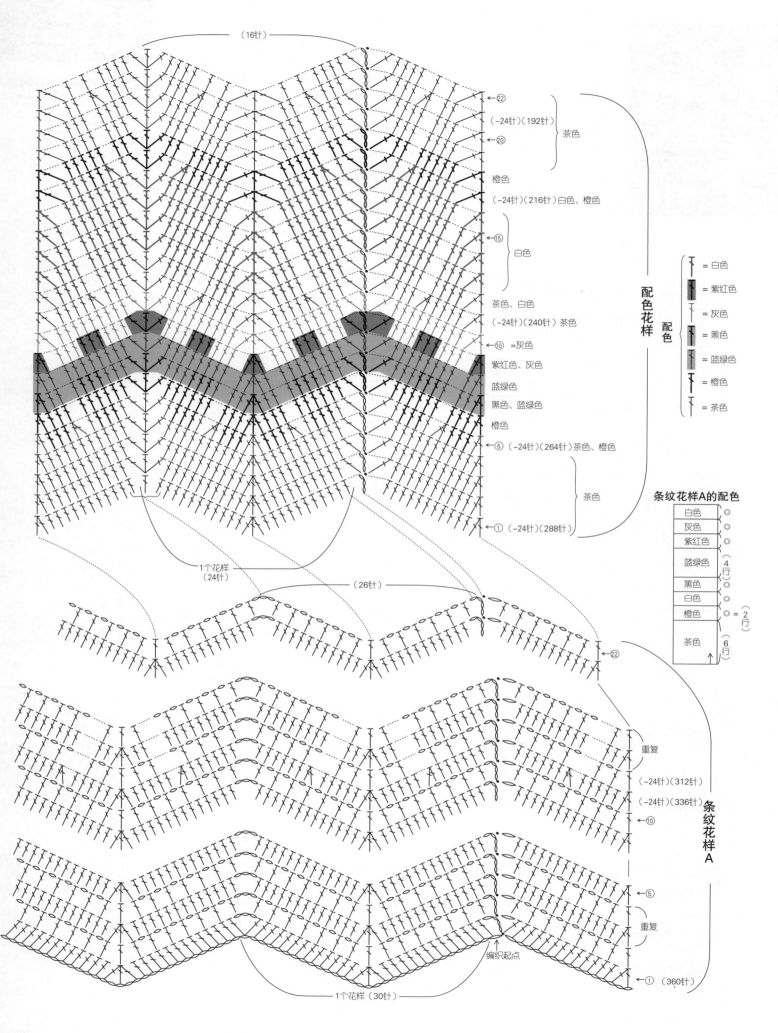

（16针）

←㉒
（-24针）（192针）茶色
←⑳
橙色
（-24针）（216针）白色、橙色
←⑮
白色
茶色、白色
（-24针）（240针）茶色
←⑩ ＝灰色
紫红色、灰色
蓝绿色
黑色、蓝绿色
橙色
←⑤（-24针）（264针）茶色、橙色
茶色
←①（-24针）（288针）

配色花样

配色

＝ 白色
＝ 紫红色
＝ 灰色
＝ 黑色
＝ 蓝绿色
＝ 橙色
＝ 茶色

1个花样
（24针）

（26针）

←㉒

重复

条纹花样A的配色

白色	◎
灰色	◎
紫红色	◎
蓝绿色	（4行）
黑色	◎
白色	◎
橙色	◎ ＝（2行）
茶色	（6行）

（-24针）（312针）
（-24针）（336针）
←⑩

←⑤

重复

编织起点

←①（360针）

1个花样（30针）

条纹花样A

182

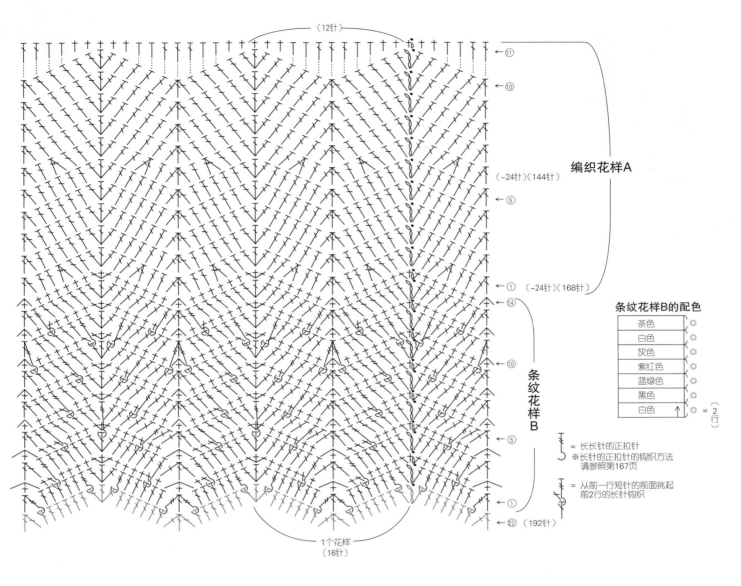

（12针）

←⑪

编织花样A

（−24针）（144针）

←⑤

←①　（−24针）（168针）

←⑭

←⑩

条纹花样B

←⑤

←①

←㉒（192针）

1个花样
（16针）

条纹花样B的配色

茶色	◎
白色	◎
灰色	◎
紫红色	◎
蓝绿色	◎
黑色	◎
白色 ↑	◎ = 2行

= 长长针的正拉针

※长针的正拉针的钩织方法
请参照第167页

= 从前一行短针的前面挑起
前2行的长针钩织

围巾的钩织方法

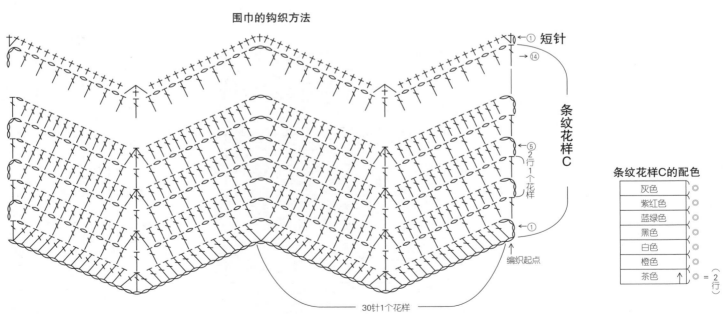

← ① 短针

←⑭

条纹花样C

←⑤　2行1个花样

←①

编织起点

30针1个花样

条纹花样C的配色

灰色	◎
紫红色	◎
蓝绿色	◎
黑色	◎
白色	◎
橙色	◎
茶色 ↑	◎ = 2行

材料

钻石线 Diagold〈中细〉浅灰色(101) 260g/6
团，炭灰色(110) 110g/3团，白色(1036)
15g/1团

工具

花卡编织机SK280(4.5mm)

成品尺寸

胸围96cm，肩宽36cm，衣长58.5cm，袖
长53.5cm

编织密度

10cm×10cm面积内:配色花样31针,36行;
下针编织31针, 40行(D=7)

编织要点

●身片、袖子…身片卷针起针后，做下针编织
和配色花样。肩部、前领窝做引返编织，结
束时编织几行另色线后从编织机上取下织
片。袖子另色线起针后开始编织，编织至第
38行后翻折成双层，用D=8编织1行，再换
成浅灰色线编织。浅灰色线的第1行用修改
针将下针改成上针，接着做下针编织。

●组合…右肩做引拔接合。衣领挑取指定针
数后做下针编织，结束时做卷针收针。左肩
做引拔接合。胁部、袖下、衣领的侧边做挑
针缝合。袖子与身片之间做引拔缝合。

79 页的作品 ★★★

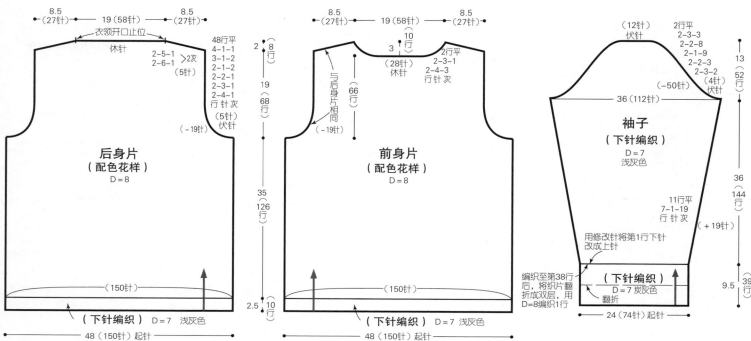

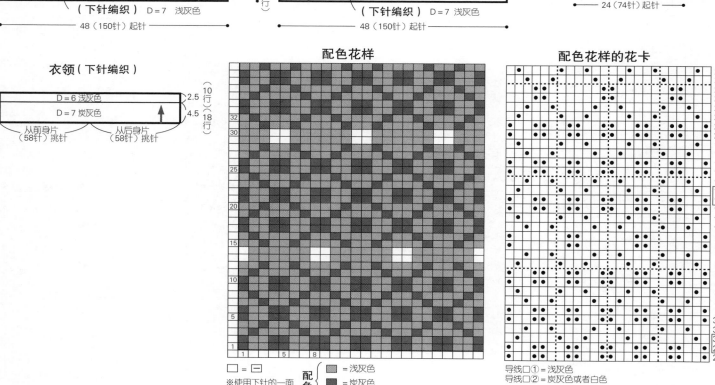

配色花样

配色花样的花卡

衣领（下针编织）

□ = ⊟
※使用下针的一面

配色
⬜ =浅灰色
⬛ =炭灰色
□ =白色

导线口①= 浅灰色
导线口②=炭灰色或者白色

184

材料
钻石线 Tasmanian Merino <Tweed> 茶色
(919) 475g/12团

工具
棒针6号、5号、4号

成品尺寸
胸围98cm,衣长57cm,连肩袖长71.5cm

编织密度
10cm×10cm面积内:编织花样A、A'、A"
均为28.5针,34行;编织花样B 31.5针,34
行

编织要点
●身片、袖子…另线锁针起针后,按上针编
织和编织花样A、A'、A"、B编织。领窝减
针时,2针及以上时做伏针减针,1针时立起
侧边1针减针。袖下的加针是在1针内侧做
扭针加针。下摆、袖口解开起针时的锁针挑
针后编织扭针的单罗纹针,结束时做扭针的
单罗纹针收针。
●组合…肩部做盖针接合。衣领一边调整
密度,一边编织扭针的单罗纹针和编织花样
B'。结束时按与下摆相同的要领收针。袖子
与身片之间做针与行的接合。胁部、袖下做
挑针缝合。

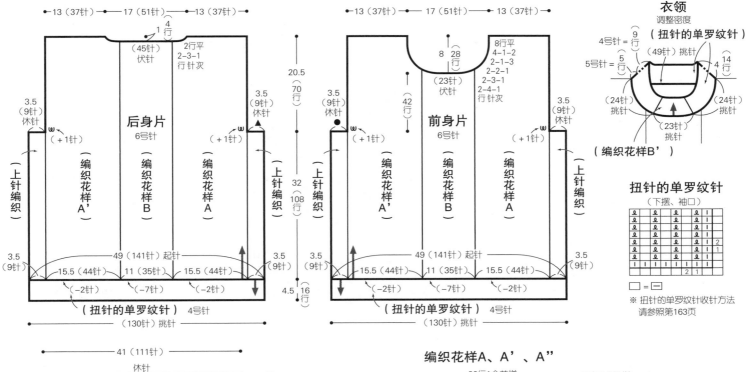

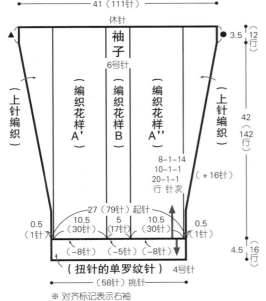

※对齐标记表示右袖

编织花样A、A'、A"

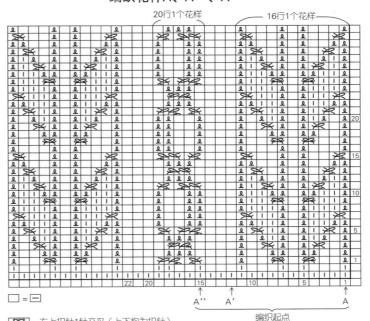

□ = □

☒☒ = 左上扭针1针交叉(上下均为扭针)

☒☒ = 右上扭针1针交叉(上下均为扭针)

☒☒ = 左上扭针1针交叉(下侧为上针)

※编织方法请参照第102页

☒☒ = 右上扭针1针交叉(下侧为上针)

☒☒ = 左上扭针2针与1针的交叉(下侧为扭针)

☒☒ = 右上扭针2针与1针的交叉(下侧为扭针)

☒☒ = 左上扭针2针与1针的交叉(下侧为上针)

※编织方法请参照第101页

☒☒ = 右上扭针2针与1针的交叉(下侧为上针)

☒☒ = 左上扭针1针交叉

☒☒ = 右上扭针1针交叉

衣领
调整密度
(扭针的单罗纹针)
(编织花样B')

扭针的单罗纹针
(下摆、袖口)

□ = □

※ 扭针的单罗纹针收针方法
请参照第163页

编织花样B'

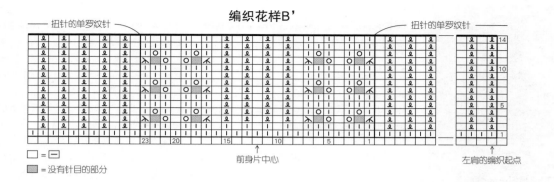

扭针的单罗纹针 ──── 扭针的单罗纹针

前身片中心

左肩的编织起点

□ = □

▨ = 没有针目的部分

编织花样B

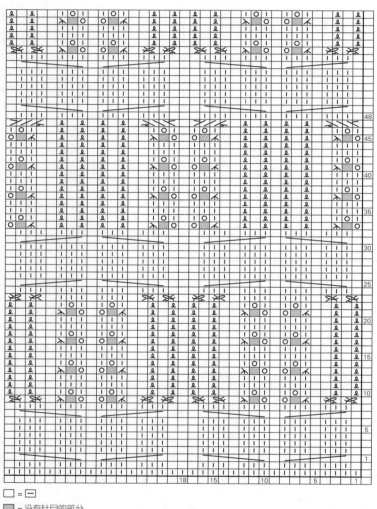

□ = □

▨ = 没有针目的部分

 = = 左上3针交叉（中间有1针上针）

= 右上3针交叉（中间有1针上针）

= 左上扭针1针交叉（下侧为上针）
　※编织方法请参照第102页

= 右上扭针1针交叉（下侧为上针）
　※编织方法请参照第101页

= 右上扭针1针交叉

= 左上扭针1针交叉

右上扭针1针交叉（上下均为扭针）

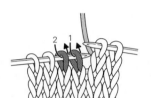

1 按1、2的顺序将针目移至右棒针上。

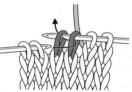

2 如箭头所示插入左棒针，移过针目。

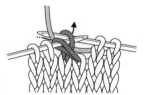

3 从后侧将右棒针插入右边的针目中，编织扭针。

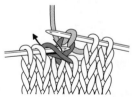

4 右棒针如箭头所示插入左边的针目中，编织扭针。

左上扭针1针交叉（上下均为扭针）

1 如箭头所示在2个针目里一起插入棒针，将针目移至右棒针上。

2 按1、2的顺序将针目移至左棒针上。

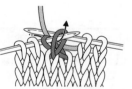

3 从右侧将右棒针插入右边的针目中，编织扭针。

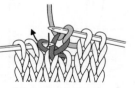

4 右棒针如箭头所示插入左边的针目中，编织扭针。

材料
K's K DRAGÉE、FLUFFY、FLUFFY MELANGE、SPIRALE 线的色名、色号和使用量请参照图表；直径18mm的子母扣 4组

工具
棒针6号、10号

成品尺寸
胸围105.5cm，肩宽39cm，衣长89.5cm，袖长50cm

编织密度
10cm×10cm面积内：配色花样A~F均为24针，25.5行

编织要点
●身片、袖子…身片手指挂线起针后编织配色花样A~F。配色花样按横向渡线的方法编织。

减针时，2针及以上时做伏针减针，1针时立起侧边1针减针。袖子另线锁针起针后，做下针编织、配色花样A'。接着解开起针时的锁针，将袖口向内侧翻折成双层后按配色花样B、C3编织。袖下的加针是在1针内侧做扭针加针。

●组合…肩部做盖针接合，胁部、袖下做挑针缝合。下摆挑取指定针数后编织起伏针，结束时从反面做伏针收针。前门襟挑取指定针数后做配色花样B'和下针编织。结束时做伏针收针，然后向反面翻折做藏针缝缝合。前门襟的侧边做挑针缝合。衣领挑取指定针数后参照图示编织起伏针，结束时做伏针收针。袖子与身片之间做引拔接合。

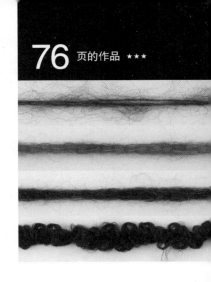

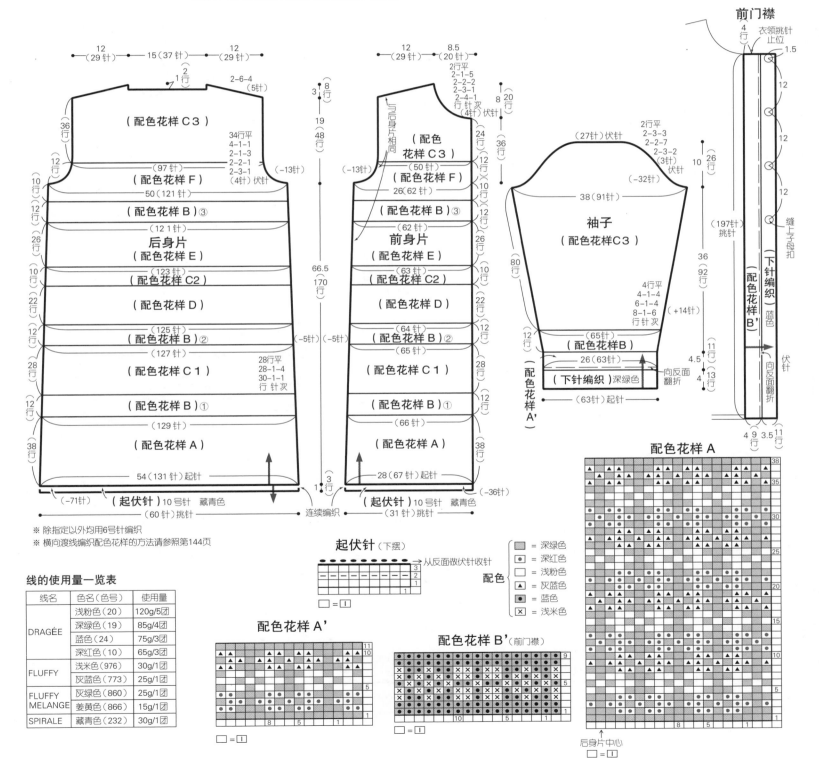

※ 除指定以外均用6号针编织
※ 横向渡线编织配色花样的方法请参照第144页

线的使用量一览表

线名	色名（色号）	使用量
DRAGÉE	浅粉色（20）	120g/5团
	深绿色（19）	85g/4团
	蓝色（24）	75g/3团
	深红色（10）	65g/3团
FLUFFY	浅米色（976）	30g/1团
	灰蓝色（773）	25g/1团
FLUFFY MELANGE	灰绿色（860）	25g/1团
	姜黄色（866）	15g/1团
SPIRALE	藏青色（232）	30g/1团

起伏针（下摆）　从反面做伏针收针

□ = ☐

配色花样A'

□ = ☐

配色花样B'（前门襟）

□ = ☐

配色花样A

配色
- = 深绿色
- = 深红色
- = 浅粉色
- = 灰蓝色
- = 蓝色
- = 浅米色

后身片中心

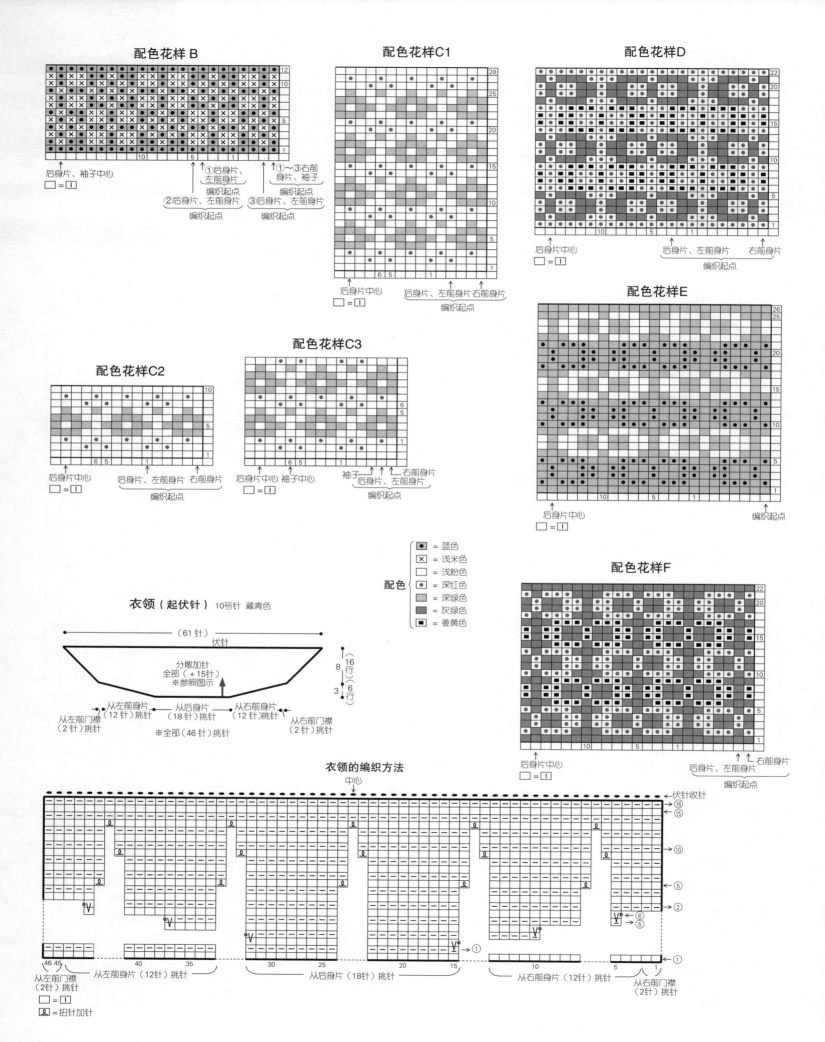

配色花样 B

配色花样C1

配色花样D

配色花样C2

配色花样C3

配色花样E

配色花样
= 蓝色
= 浅米色
= 浅粉色
= 深红色
= 深绿色
= 灰绿色
= 姜黄色

衣领（起伏针）10号针 藏青色

配色花样F

衣领的编织方法

188

材料

K's K DRAGÉE 深绿色(19) 45g/2 团，深红色(10) 25g/1 团，浅粉色(20) 20g/1 团；FLUFFY MELANGE 深棕色(863) 45g/1 团；SPIRALE 茶色(154) 30g/1 团；FLUFFY 深粉色(776) 25g/1 团

工具

棒针 6 号、14 号、5 号

成品尺寸

胸围 100cm，衣长 54.5cm，连肩袖长 27.5cm

编织密度

10cm×10cm 面积内：条纹花样、下针条纹均为 20 针，33 行；花片的大小请参照图示

编织要点

●身片…另线锁针起针，编织连接花片。从第 2 片花片开始，一边从前面编织好的花片上挑针连接一边继续编织。接着从连接花片上挑针，后身片编织条纹花样，前身片编织下针条纹。领窝减针时，2 针及以上时做伏针减针，1 针时立起侧边 1 针减针。下摆从另线锁针解开后的针目以及行上挑针，按起伏针条纹花样编织。结束时从反面做伏针收针。

●组合…肩部做盖针接合。衣领、袖口挑取指定针数后，分别编织条纹边缘 A、条纹边缘 B，结束时做伏针收针。胁部做针与行的接合或者下针缝合。袖口下侧做挑针缝合。

※ 除指定以外均用 6 号针编织
※ 花片内的数字表示连接顺序

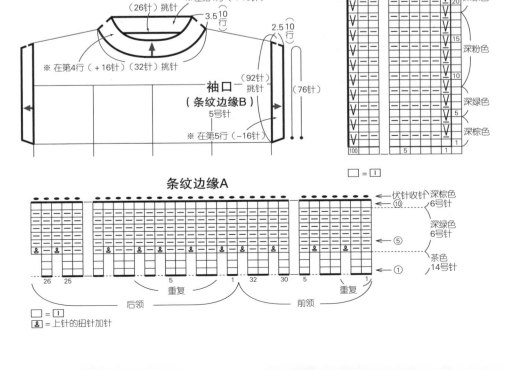

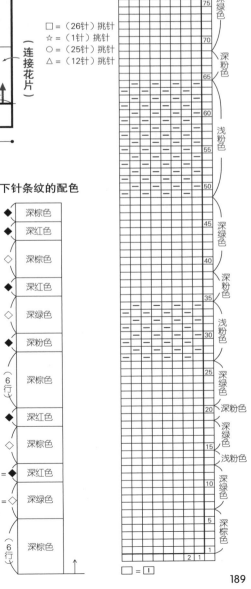

条纹花样

□ =（26针）挑针
☆ =（1针）挑针
○ =（25针）挑针
△ =（12针）挑针

起伏针条纹

用深棕色线从反面做伏针收针

□ = □

下针条纹的配色

条纹边缘A

□ = □
& = 上针的扭针加针

后领　前领
重复　重复

189

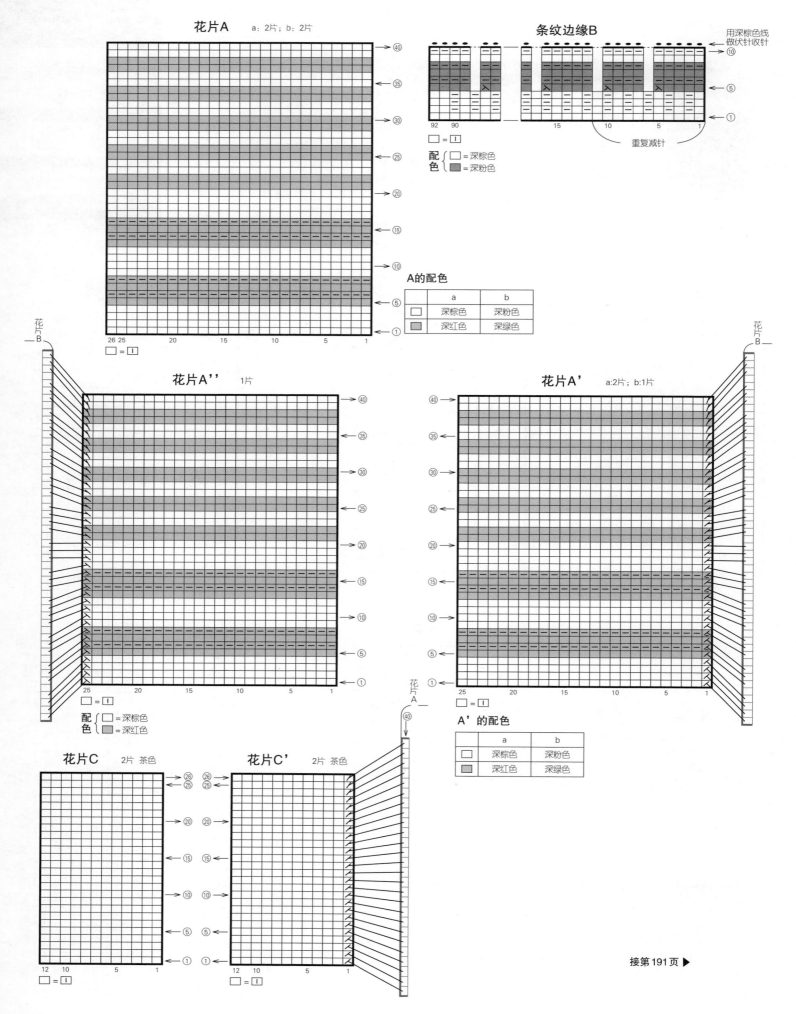

花片A　　a：2片；b：2片

条纹边缘B

用深棕色线
做伏针收针

□ = □

配
色 {
□ = 深棕色
■ = 深粉色
}

重复减针

A的配色

	a	b
□	深棕色	深粉色
■	深红色	深绿色

花片A'' 1片

花片A' a:2片；b:1片

□ = □

配
色 {
□ = 深棕色
■ = 深红色
}

□ = □

A'的配色

	a	b
□	深棕色	深粉色
■	深红色	深绿色

花片C 2片 茶色

花片C' 2片 茶色

□ = □

□ = □

花片B

花片A

接第191页 ▶

◀ 接第190页

花片
B

花片B　a：4片；b：3片

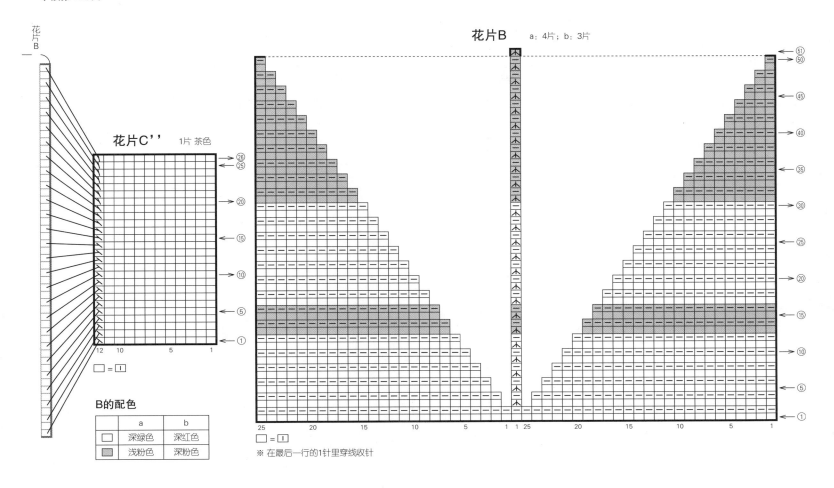

花片C'' 　1片 茶色

□ = I

B的配色

	a	b
□	深绿色	深红色
▨	浅粉色	深粉色

□ = I

※ 在最后一行的1针里穿线收针

◀ 接第96页

配色花样

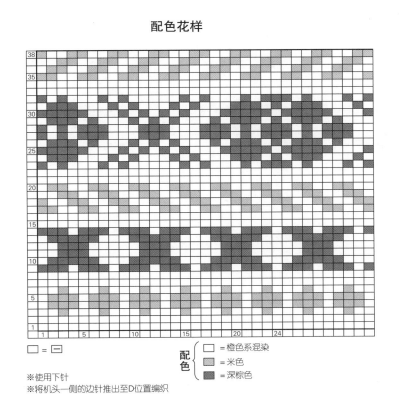

□ = —

※使用下针
※将机头一侧的边针推出至D位置编织

配色
□	=橙色系混染
▨	=米色
▨	=深棕色

配色花样的花卡

导线口①＝橙色系混染
导线口②＝米色或者深棕色

KEITO DAMA 2020 AUTUMN ISSUE Vol.187（NV11727）

Copyright ©NIHON VOGUE-SHA 2020 All rights reserved.

Photographers: Shigeki Nakashima, Hironori Handa,Toshikatsu Watanabe, Bunsaku Nakagawa, Noriaki Moriya

Original Japanese edition published in Japan by NIHON VOGUE Corp.

Simplified Chinese translation rights arranged with BEIJING BAOKU INTERNATIONAL CULTURAL DEVELOPMENT Co., Ltd.

备案号：豫著许可备字－2020－A－0044

图书在版编目（CIP）数据

毛线球.35，历久弥新的基础款毛衫编织 / 日本宝库社编著；蒋幼幼，如鱼得水译 —郑州：河南科学技术出版社，2020.11（2024.4重印）
ISBN 978-7-5725-0188-3

Ⅰ.①毛… Ⅱ.①日… ②蒋… ③如… Ⅲ.①毛衣—手工编织—图解 Ⅳ.①TS935.52-64

中国版本图书馆CIP数据核字（2020）第205632号

出版发行：河南科学技术出版社
　　　　　地址：郑州市郑东新区祥盛街27号　　邮编：450016
　　　　　电话：（0371）65737028　　65788613
　　　　　网址：www.hnstp.cn
策划编辑：刘　欣
责任编辑：张　培
责任校对：耿宝文　王晓红
封面设计：张　伟
责任印制：张艳芳
印　　刷：北京盛通印刷股份有限公司
经　　销：全国新华书店
开　　本：635 mm×965 mm　1/8　　印张：24　　字数：350千字
版　　次：2020年11月第1版　　2024年4月第7次印刷
定　　价：69.00元